Falk Joensson

Auf geht's!
= Konstruktiver Utopismus =

Nicht ganz sicher, wie man den Nachnamen des Autors ausspricht?
Zugegeben, das schwedische „oe" ist etwas irritierend.
Richtig klingt der Name wie „J<u>o</u>nnsonn".

Auf geht's!

KONSTRUKTIVER UTOPISMUS

von Falk Joensson

Erste Ausgabe (basiert auf der Internet-Version V1.2)

© 2007 Falk Joensson

Verlag und Druck: Lulu.com, Morrisville, NC, USA

ISBN 978-1-84799-869-9

Website des Verlegers: http://www.lulu.com

Website des Autors: http://FalkJ.de.vu

Inhalt

Einleitung   9

A. ERSTER TEIL: WICHTIGE GRUNDLAGEN   11

A.1. Vorbereitung   12
     A.1.1. Realismus, Vernunft, Ernsthaftigkeit (Das Geländer am Bergweg)   12
     A.1.2. Objektivität: Baby Robinson und der schreckliche Sensei   15
     A.1.3. Der Unterschied zwischen Utopie und Transformation:
     Das Ziel ist nicht der Weg   19

A.2. Ziele und Zutaten   21
     A.2.1. Der utopische Wunschzettel   22
     A.2.2. Notwendige und hilfreiche Fähigkeiten   25

A.3. Vom Survival zur Soziologie   29
     A.3.1. Überleben allein   31
     A.3.2. Überleben in der Gruppe   38
         A.3.2.1. Positive Aspekte sozialen Lebens   38
         A.3.2.2. Negative Aspekte sozialen Lebens   41
     A.3.3. Überleben – Alltagsleben – Erleben   45
         A.3.3.1. Aufgaben   46
         A.3.3.2. Lernen   47
         A.3.3.3. Schöpferisches   48
         A.3.3.4. Körper   48
         A.3.3.5. Menschen   49
         A.3.3.6. Ruhe   50

A.4. Letzte Grundsätze   51
     A.4.1. Freiheit und Ethik: Mit dem Kopf durch die Wand?   51
         A.4.1.1. Reflexive Verantwortung: gegenüber dir selbst   53
         A.4.1.2. Direkte Verantwortung: gegenüber den Anderen   54
         A.4.1.3. Indirekte Verantwortung: gegenüber allem,
     was Anderen etwas bedeutet   57
     A.4.2. Über scheinbare und echte Kooperation   59
         A.4.2.1. Der gute Weg, Kooperation zu erhalten   60
         A.4.2.2. Der schlechte Weg, Kooperation zu erhalten   61
         A.4.2.3. Verbote   65
     A.4.3. Ergonomismus als Leitprinzip   66

B. ZWEITER TEIL: UTOPISCHE ENTWÜRFE 69

B.1. Panokratie – eine Beispiel-Utopie   70
  B.1.1. Ausgewählte Themen aus dem Buch „Panokratie"   72
    B.1.1.1. Autarchiegenese   72
    B.1.1.2. Abwärts- und Aufwärtssystem   75
    B.1.1.3. Tabellarischer Systemvergleich   76
  B.1.2. Elemente der Panokratie   78
    B.1.2.1. Subsidiarzellebenen – Organischer Föderalismus   79
      B.1.2.1.a. Moy   81
      B.1.2.1.b. Poy   84
      B.1.2.1.c. Fay   89
      B.1.2.1.d. Sur   90
      B.1.2.1.e. Hyper   92
      B.1.2.1.f. Exo   92
      B.1.2.1.g. Terra   93
      B.1.2.1.h. Übersicht: Subsidiarzellebenen   93
      B.1.2.1.i. Und Tjo?   94
      B.1.2.1.j. Patriotismus in der Panokratie   94
    B.1.2.2. Demokratie – Entscheidungsfindung in Gruppen   95
      B.1.2.2.a. Elescheide mit der Handurne   97
      B.1.2.2.b. Auswahl   98
      B.1.2.2.c. Wertwahl   100
    B.1.2.3. Informatik   101
      B.1.2.3.a. Die Rolle der Informatik   101
      B.1.2.3.b. Das SID-Informationsnetzwerk   102
    B.1.2.4. Wirtschaft   103
      B.1.2.4.a. Schenkwirtschaft   104
      B.1.2.4.b. Eigentum   108
      B.1.2.4.c. Produktreduktion   108
      B.1.2.4.d. Arbeitsreduktion   109
      B.1.2.4.e. Multiberuflichkeit   110
      B.1.2.4.f. Ökologische Ökonomie   111
    B.1.2.5. Bildung   112
      B.1.2.5.a. Wie und was?   112
      B.1.2.5.b. Kompetenztests   113
      B.1.2.5.c. Ebenenmündigkeiten   113
    B.1.2.6. Individualwacht   115
      B.1.2.6.a. Individualwacht-Ebenen   118
      B.1.2.6.b. Individualwacht-Phasen   121
      B.1.2.6.c. Anmerkungen zur Stabilität   123
    B.1.2.7. Verkehr   125
      B.1.2.7.a. Verkehrsreduktion   125
      B.1.2.7.b. Der Materioport   130

B.1.2.8. Weitere Elemente	131
B.1.2.8.a. Energieversorgung	131
B.1.2.8.b. Die Welthilfssprache Tjonisch	131
B.1.3. Realisierung	133
B.1.3.1. Das Subpräferenzprinzip	133
B.1.3.2. Hybridrealisierung	133
B.1.3.3. Revolution, Landesrealisierung	135
B.1.3.4. Insel- oder Raumrealisierung	136
B.1.4. Ein paar Zahlen zur Veranschaulichung	136
B.2. Permakultur	**138**
B.2.1. *Mit* der Natur, nicht *gegen* sie!	140
B.2.2. Beobachten → Erkennen → Anwenden	142
B.2.3. Mehr als nur die Summe	142
B.2.4. Ethische Grundwerte	143
B.2.5. Beispiele für Gestaltungsprinzipien	143
B.2.6. Zonierung	145
B.3. Efórams	**146**
B.3.1. System-/Kernforams	150
B.3.1.1. Stabilität (Eforams und Verspons)	150
B.3.1.2. Bildung	154
B.3.1.3. Konfliktlösung	161
B.3.2. Versorgungsforams: Trink- und Brauchwasser, Nahrung, Energie	168
B.3.3. Ressourcenforams: Mediathek, Kleinzeug, Großzeug, Computerdateien	173
B.3.4. Schutzforams	180
B.3.4.1. Unfallverhütung	180
B.3.4.2. Hygiene	183
B.3.4.3. Ethik (Schwachenschutz)	184
B.3.4.4. Katastrophenschutz	184
B.3.5. Wartungsforams	186
B.3.5.1. Obdach (Gebäude)	186
B.3.5.2. Computernetzwerk	188
B.3.5.3. Fäkalien- und Müllentsorgung	189
B.3.5.4. Reinigung	190
B.3.6. Pflegeforams	191
B.3.6.1. Leichte Medizin	191
B.3.6.2. Pflegedienst	193
B.3.7. Rettungsforams	195
B.3.7.1. Notfallmedizin	195
B.3.7.2. Rettungsdienst	196
B.4. Polyamorie	**198**
B.5. Eine Beispiel-Architektur: Zu Besuch in einer Poyzelle	**203**

C. DRITTER TEIL: TRANSFORMATION 221

C.1. Ein wenig Theorie zur Transformation 222

C.2. Hindernisse – und der Umgang mit ihnen 227
    C.2.1. Von der Idee bis zur Umsetzung 227
    C.2.2. Hindernisse für die Idee 229
    C.2.3. Hindernisse für die Verbreitung 232
    C.2.4. Hindernisse für die Umsetzung 234
    C.2.5. Unterstützer und Feinde 235
    C.2.6. Der Faktor Zeit 238

C.3. Auf geht's! 240
    C.3.1. Weitersagen / Verbessern / Ausprobieren 241
    C.3.2. Das Transformationskonzept 243
    C.3.3. Ressourcen: Menschen, Wissen, Land, Material 244
    C.3.4. Schnittstellen-Eforam 245
    C.3.5. Kooperations-Eforam 248
    C.3.6. Eforam für Öffentlichkeitsarbeit 249
    C.3.7. Expansions-Eforam 250
    C.3.8. Transformation (fast) ohne Hindernisse 251

D. ANHANG 253

D.1. Ein persönliches Nachwort 254
    D.1.1. Vorgeschichte 254
    D.1.2. Making-of 257
    D.1.3. Diese allergrößte Last 258
    D.1.4. Entschuldigungen 261
    D.1.5. Was ich nun tun werde 262

Einleitung

Das Wort **Utopie** bezeichnet eine als ideal angenommene Gesellschaft. Es wurde aus den griechischen Zusammensetzungen *eu-topos* „guter Ort" und *ou-topos* „Nicht-Ort" gebildet.

Allerdings ist heutzutage „Utopie" oft als „nette, aber unrealistische Idee" konnotiert. Was auf die meisten utopischen Konzepte durchaus zutrifft. Aber hier möchte ich einen eher wissenschaftlichen Ansatz illustrieren, der beantworten soll, ob es möglich ist, eine *realistische* Utopie zu konstruieren. Dazu werde ich diese Aufgabe (eine realistische Utopie zu erschaffen) so angehen, wie ein Ingenieur die Lösung eines beliebigen Problems zu finden pflegt. Ich werde versuchen, jeden Schritt und jeden Gedankengang so zu erklären, daß jeder alles nachvollziehen kann und meine Schlüsse zu hinterfragen in der Lage ist.

A. Erster Teil:
Wichtige Grundlagen

A.1. Vorbereitung

Bevor wir beginnen können, müssen wir uns selbst vorbereiten, die richtigen Prämissen finden. Um eine Lösung für *jedes beliebige* Problem zu finden, muß man immer zunächst das vorhandene Wissen und Können anwenden, um das zum Lösen des spezifischen Problems notwendige Wissen und Können zu erwerben. Und man muß in der Lage sein, das Problem selbst *wirklich zu verstehen*. Hier also ein erster Rahmen für den konstruktiven Utopismus...

A.1.1. Realismus, Vernunft, Ernsthaftigkeit
(Das Geländer am Bergweg)

Beginnen wir mit einem Gleichnis. Stell dir zunächst einen Bergweg vor. Der Weg ermöglicht es Menschen, dort entlangzulaufen, wo sie es normalerweise nicht oder nur unter großen Schwierigkeiten könnten. Viele Menschen nutzen diesen Weg.

Leider kommt es manchmal zu einem Unfall, und jemand stürzt ab (vor allem bei schlechtem Wetter).

Manche würden nun argumentieren, daß es immer gefährlich ist, in den Bergen umherzuwandern, und wenn jemand in seinen Tod stürzt, dann ist das eben eine Folge der Naturgesetze.

Nun, gewissermaßen hätten sie recht. Man kann schließlich die Schwerkraft nicht abschaffen, nicht wahr?

Was man aber tun *könnte*, wäre ein Geländer zu konstruieren. Das würde das Unfallrisiko sicherlich verringern.

Es sei denn, das Geländer wäre dilettantisch konstruiert und könnte dem Gewicht eines Menschen nicht standhalten, aber die Menschen würden ihm vertrauen. In diesem Fall könnten sogar mehr Menschen den Tod finden, weil sie sich irrtümlicherweise sicher fühlen. Ein gut konstruiertes Geländer aber würde das Unfallrisiko minimieren. Ein paar wenige Menschen werden allerdings vielleicht trotzdem noch abstürzen. Die Schwerkraft kann man eben nicht abschaffen...

Was hat dieses Gleichnis mit konstruktivem Utopismus zu tun? Nun, im allgemeinen gibt es drei verschiedene Sorten von Menschen, drei verschiedene Arten der Reaktionen auf Utopismus. Angenommen alle drei sehen, daß es durchaus Probleme gibt, werden manche einfach sagen, daß man eben nichts tun kann („Man kann halt die Schwerkraft nicht abschaffen."), und daher wäre es eine Verschwendung von Zeit und Energie, nach Lösungen für die Probleme zu suchen.

Eine andere Gruppe hat den starken Wunsch, die Probleme zu bewältigen, aber verliert sich in Tagträumen und Hoffnungen. Die cleveren davon mögen sogar ein „Geländer konstruieren" (also Lösungen vorschlagen) — aber eher nach dem Motto Versuch-und-Irrtum-und-Beten und mit dilettantischen Resultaten. Viele dieser unrealistischen Utopisten wollen, bildhaft gesprochen, tatsächlich einfach die Schwerkraft abschaffen. Die letzte Gruppe sind die konstruktiven Utopisten, welche wie professionelle Ingenieure das Problem im Detail analysieren, und dann auf der Basis von Wissenschaft, Vernunft und Machbarkeit nach funktionierenden Lösungen suchen. Wenn Unterprobleme auftauchen, geben sie nicht auf mit „also ist es nicht möglich", sondern fragen sich einfach, wie die Unterprobleme zu lösen sind.

Für gewöhnlich gehören die meisten Menschen der ersten Gruppe an, während man die meisten politischen Programme zur zweiten zählen muß. Die dritte Gruppe ist selbst noch ein wenig utopisch; jedenfalls gibt es noch nicht viele Menschen, die „mutig" genug für diese Aufgabe sind. Eigentlich ist konstruktiver Utopismus nicht wesentlich komplexer oder schwieriger, als einen Computer zu konstruieren — allerdings: wer würde schon einen Computer konstruieren, dazu fast ohne Vorkenntnisse? Es wäre in beiden Fällen wohl fast unmöglich. Wie man nicht im leeren Raum, sondern mit einem soliden Fundament beginnt, werde ich in einem späteren Abschnitt erklären (Ziele und Zutaten).

Was wir zunächst also brauchen ist:

- **Realismus**, weil wir die Schwerkraft nicht abschaffen können
- **Vernunft**, weil wir die Welt wirklich verstehen müssen
- **Ernsthaftigkeit**, weil ein dilettantisches Geländer gefährlich wäre

A.1.2. Objektivität: Baby Robinson und der schreckliche Sensei

Fast jeder kennt die Legende von Robinson, der als einziger Überlebender auf einer Insel strandete, nachdem sein Schiff in einem Sturm sank. Was wäre nun aber gewesen, wenn Robinson kein Erwachsener, sondern noch ein Baby gewesen wäre, dessen Eltern bei dem Unglück ums Leben kamen, und das von den Insulanern gerettet wurde? Nehmen wir mal an, diese wären keine Kannibalen auf der Suche nach einer exotischen Mahlzeit gewesen, sondern sie hätten ihn wie einen Stammesangehörigen großgezogen. Er würde dann natürlich ein ganz anders Leben als seine Eltern leben. Aber er würde auch an komplett andere Dinge glauben, eine andere Sprache sprechen, anders denken, andere Dinge wissen und so weiter.

Und doch wäre er vielleicht glücklich so. Eventuell, wenn er wählen könnte, würde er sich doch lieber für ein Leben nach dem Vorbild seiner Eltern entscheiden, vielleicht aber auch nicht (man denke nur an die Meuterei auf der Bounty).

Was wir glauben, wie wir sprechen, wie wir denken, was wir wissen und vieles mehr ist fast komplett das Produkt unserer Erziehung, von Kultur. Die Insulaner könnten die seltsamsten Vorstellungen und Rituale haben. Vielleicht sterben sie sogar jung aufgrund schlechter Hygiene — aber weil das bei ihnen alle betrifft, kommen sie nicht einmal auf die Idee, daß es anders sein könnte. Sie sind vielleicht trotzdem ganz glücklich.

Sie wären höchstwahrscheinlich noch sehr viel glücklicher, wenn sie unsere Hygiene hätten und dadurch länger lebten. Aber, wie schon gesagt, sie ahnen nicht einmal etwas von derlei Möglichkeiten; sie würden wahrscheinlich noch nicht mal das Problem sehen, bis sie einen von uns träfen.

Wenn die Insulaner Glück haben, erzählt ihnen einer von uns mal etwas über Hygiene. Aber — woher wissen *wir* das eigentlich? Nun, jedes Wissen muß mal irgendwo seinen Anfang haben. Für gewöhnlich bezeichnen wir diesen Prozeß mit dem Terminus „Wissenschaft". Wenn keiner von uns den Insulanern die Hygiene erklärt, erfindet vielleicht eines schönen Tages in der Zukunft ein gelangweilter Insulaner diese selbst. Die Insulaner haben beide Möglichkeiten: von anderen lernen, oder selbst herausfinden. Die moderne Zivilisation ist teilweise in der gleichen Situation. Auch wir können lernen, bestimmte Dinge wohl sogar von Insulanern.

Theoretisch könnte man unseren ganzen Planet als Insel auffassen — und wer weiß, ob irgendwo in den Tiefen des Alls nicht gerade eine frappierend höherentwickelte Rasse im Anflug auf unseren Planeten ist, um uns mehr oder weniger selbstzufriedene Insulaner über bessere Dinge als Hygiene aufzuklären? Kommen wir wieder auf die Erde und lassen wir die Science-fiction dem Unterhaltungssektor! Aber eine Sache könnten wir im Hinterkopf behalten: es ist möglich, daß sogar wir nur 'primitive Insulaner' sind, ohne das freilich zu erkennen. Die Insulaner mögen glücklich sein — und vielleicht waren auch manche unserer frühen Vorfahren ganz glücklich. Mache eine Zeitreise zu ihnen und sie sagen möglicherweise: „Nha? Wofürr Hügjena? Längrr leben als 20 Jaawre? Hahaha." — Einem Zeitreisenden aus der Zukunft, der uns besuchen käme, würden wir aber vielleicht ähnlich beschränkt vorkommen.

„Zunächst: Vergiß alles, was Du bisher gelernt hast!" beginnt der Sensei mit seinen Anweisungen, und löst damit bei seinem neuen Schüler eine Lawine von Gedanken aus. Diese könnten etwa folgendermaßen verlaufen: „Was? Er will, daß ich alles vergesse, was ich bisher gelernt habe? Wäre ich dann nicht so hilflos wie ein Baby? Und warum will er das überhaupt? Um Macht über mich zu bekommen? Aber, so dumm kann er doch gar nicht sein – vielleicht ist es ein Trick! Niemand kann einfach alles vergessen, was er je gelernt hat. Ich kann sicher sein, daß er das weiß. Also warum fordert er es trotzdem? Soll ich so tun, als ob ich alles vergessen hätte? Aber warum?"

Nun, die Antwort ist, wie der Schüler nach ein paar Monaten, Jahren oder Jahrzehnten herausfinden wird, daß er, wenn er nicht 'so tun würde, als hätte er vergessen', das Lernen komplizierter machen würde. Er soll in der Tat nicht wirklich vergessen, was er vor der Lehre des Senseis gelernt hatte, aber er soll die Worte des Senseis nicht ständig mit diesem älteren Wissen stören. Indem er 'so tut, als hätte er vergessen', ist der Schüler offenen Geistes und bereit, neue Dinge zu lernen, ja sogar Konzepte zu akzeptieren, die er auf der Grundlage seines älteren Wissens *automatisch* abgewiesen hätte. Später in seinem Lernprozeß allerdings wird ihm nicht nur 'erlaubt', sondern vielmehr *aufgetragen*, sich seines alten Wissens zu 'erinnern' – um das alte mit dem neuen zu vergleichen, und beide bestmöglich zu kombinieren.

Ein anderer Punkt ist, daß der Schüler eine kritische Einstellung dem Sensei und seiner Lehre gegenüber einnehmen soll. Schließlich sollte ein 'schrecklicher' Sensei, der Unmögliches fordert, eine gewisse Skepsis erzeugen. Das mag paradox scheinen, folgt aber nur konsequent dem Bemühen des Senseis, den Schüler von Abhängigkeiten zu befreien und seine Fähigkeiten zu verbessern, sowie ihm zu helfen, seine individuelle Persönlichkeit zu entwickeln.

In meinen Darlegungen werde ich nicht mit solchen 'subversiven' Methoden arbeiten, oder anderen versteckten Informationen. Ich werde vielmehr versuchen, so klar und verständlich wie möglich zu schreiben. (Zum Glück habe ich die Möglichkeit dazu – in vielen Kulturen und Staaten der Vergangenheit und Gegenwart wäre dies nicht möglich. Anders als dortige Schreiber kann ich auf kodifizierte Metaphern verzichten.) Aber ich würde dir dennoch empfehlen, meine Schlüsse und was ich schreibe nicht nur neugierig, sondern auch ein wenig skeptisch zu betrachten. Mach dir Notizen, wo du meinst, daß ich falsch liege, und versuche, eine bessere Lösung zu finden. Doch auch in diesem Fall solltest du alle meiner Konzepte durchlesen, da sie dir zusätzliche Hinweise geben könnten. Was ich also möchte, ist daß Menschen, die sich dazu motiviert fühlen, zunächst meine Herleitungen zum konstruktiven Utopismus durchlesen, um sie sodann kritisch zu hinterfragen. Versuche, ob du (noch) bessere Lösungen finden kannst, und veröffentliche sie auch! Mißverstehe mich also nicht als Theorie-Diktator, sondern sieh mich einfach als jemanden, der an einer offenen Diskussion teilnimmt.

A.1.3. Der Unterschied zwischen Utopie und Transformation: Das Ziel ist nicht der Weg

Der Ausdruck *Utopie* bezeichnet für gewöhnlich eine ideale Gesellschaft — daher bedeutet Utopismus die Entwicklung eines idealen Gesellschaftsmodells. Wir werden die Details später diskutieren, aber im allgemeinen wird dies in der Form sein von 'In der Situation X wird die Gesellschaft mit Y reagieren, was den wahrscheinlichen Effekt Z zur Folge haben wird.' Dies für eine ganze Gesellschaft zu tun, ist schon schwer genug. Etwas ganz anderes ist allerdings, was ich mit dem Ausdruck *Transformation* bezeichnen möchte. Eine Transformation zu planen, bedeutet einen Weg zu finden, um das Gesellschaftssystem A in das Gesellschaftssystem B zu überführen. Für gewöhnlich wurde das System B zuvor als Utopie entwickelt. Die Schwierigkeit bei der Transformation ist nicht nur, daß sie möglich sein sollte, sondern auch sicher. Revolutionen etwa führen leicht zum ökonomischen Zusammenbruch, gefolgt von (weiterer) Massenverarmung. Während sich die Revolutionäre noch um Nahrung und Wasser kümmern mögen, wird jeder, der regelmäßig Medikamente benötigt (zum Beispiel bei Stoffwechselkrankheiten wie Diabetes oder Schilddrüsenunterfunktion), in Gefahr schweben. Und es gibt noch viele weitere Dinge, an die Möchtegern-Revolutionäre nie denken. Außerdem sollte eine Transformation natürlich auch ohne Gewaltexzesse wie Morde, Vergewaltigungen und so weiter ablaufen.

Eine Utopie zu entwickeln ist nur der erste Schritt. Mit einer Utopie hat man noch keine Transformation! Eine funktionierende Transformation zu planen, ist höchstwahrscheinlich mindestens so schwierig, wie eine funktionierende Utopie zu entwickeln.

Eine gute Utopie ohne gute Transformation ist nur schöne Theorie. Und eine gute Transformation kann sogar schlecht sein, wenn die Ziel-Utopie nicht wirklich gut ist (entweder schlecht konstruiert und unrealistisch/instabil, oder sogar eine negative Dystopie).

Hochkomplexe Systeme (Utopie) und Prozesse (Transformation) müssen gründlich und mit extremer Vorsicht durchgeplant werden. Wenn wohlmeinende Menschen an ihnen herumschrauben, sind die Auswirkungen oft schlimmer, als wenn man nichts getan hätte, und nur in sehr seltenen Fällen sind die Resultate ideal.

A.2. Ziele und Zutaten

Wenn man ein komplexes Problem zu lösen versucht, muß zunächst klar sein, was die eigentlichen Ziele sind. Was genau macht das Problem aus? Was ist unerwünscht? Was ist statt dessen anzustreben?

Eine weitere wichtige Frage ist, ob ich schon über die zum Lösen des Problems nötigen Kenntnisse und Fähigkeiten verfüge. Falls nicht, dann muß ich mich erst einmal *darum* bemühen. Je nachdem wie geschult und erfahren man bereits ist, wieviel Zeit man hat und wie gut die verfügbaren Quellen (Lehrer, Bücher, ...) sind, sollte jeder Mensch in der Lage sein, prinzipiell jede Aufgabe zu lösen. Es sei denn natürlich, die Aufgabe selbst ist physisch unmöglich. Es ist für einen Menschen unmöglich, genauso wie ein Vogel zu fliegen, nur durch das Herumwedeln mit den Armen. Es ist hingegen möglich, Fluggeräte zu bauen und sich von diesen in ähnlicher Weise transportieren zu lassen wie Vögel fliegen — durch die Lüfte. Es ist unmöglich für einen Menschen, sämtliche geschriebenen Texten auswendig zu lernen (oder auch nur zu Gesicht zu bekommen).

Es ist hingegen durchaus nicht unmöglich, die Funktionsweise eines Computers vollkommen (auf jeder praktisch relevanten Ebene) zu verstehen. Ferner ist es natürlich so, daß willkürlich konkurrative Ziele (wie „Ich will *der beste* Pianist der Welt werden!") auch willkürlich zu Erfolg oder Mißerfolg führen. (Der konstruktive Utopismus im Sinne der Suche nach der besten praktisch umsetzbaren Utopie sollte auch nicht als konkurratives Streben mißverstanden werden, als Wettstreit mit anderen Utopisten, sondern als kooperative gemeinsame Aufgabe der gesamten Menschheit.)

A.2.1. Der utopische Wunschzettel

Beginnen wir zuerst mit einer kleinen Aufzählung von Dingen, die wir **nicht** wollen, also Dingen, die wir für zu lösende existierende Probleme halten, oder deren Auftreten wir in der Utopie verhindern wollen. Drei Punkte vorweg:

- Diese 'Negativliste' erhebt keinen Anspruch auf Vollständigkeit (die ohnehin wohl kaum möglich wäre). Sie ist nur ein Hilfsmittel, um einen Anfang zu finden, ein Bewußtsein dafür zu schaffen, *warum* wir überhaupt in die hochkomplexe Aufgabe des Konstruktiven Utopismus einsteigen.

- Es mag illusorisch sein zu denken, daß all diese Probleme gelöst werden können. Aber selbst wenn es keine perfekte Lösung geben mag (durch die Grenzen der physikalischen Realität), so vielleicht doch eine bessere als den momentanen Zustand.

- Wir wollen davon ausgehen, daß selbst jene, die irgend etwas von diesen Dingen sogar für *wünschenswert* erachten, dies nur aus indirekten Gründen tun. Wir wollen davon ausgehen, daß sie etwas daraus erhalten, was sie möglicherweise auch woanders her bekommen könnten, und sie in diesem Falle ebenfalls für die Lösung aller der folgenden Probleme wären.

Unerwünscht:

- Krieg, weil er Zerstörung und Töten bedeutet

- Töten, weil dies bedeutet, ein Leben zu beenden entgegen seinen eigenen Interessen und seinem Willen zu leben, üblicherweise einhergehend mit dem Verursachen äußerster Schmerzen, Schock und Ängsten, sowie oftmals die schlimmsten Emotionen bei Familie, Partnern und Freunden auslösend; beim Töten von Menschen potentiell auch das endgültige Auslöschen wertvoller Informationen und/oder Fähigkeiten

- **Zerstörung,** weil dies bedeutet, etwas endgültig wegzunehmen, das positive Bedeutungen oder Wert für jemanden hat, oder sogar für deren Leben wichtig ist, und die Negierung der Zeit, Arbeit und Hingabe, welche in die Erschaffung gesteckt wurden

- **Gewalt,** weil sie in allen Härtegraden und Variationen das Verursachen von Schmerz und Furcht bedeutet und oftmals zu lang anhaltenden psychischen bzw. Verhaltensstörungen (einschließlich Gewalttätigkeit als Teufelskreis) sowohl beim Opfer als auch mitunter bei Augenzeugen führen kann, die das gesellschaftliche Leben negativ beeinflussen können, und weil sie mit hoher Wahrscheinlichkeit zu Verletzungen führt

- **Verletzungen,** weil diese zu Infektionen führen können oder das Opfer möglicherweise an Sinnen oder Motorik behindert sein wird, oder das Opfer entstellt und daher unattraktiver wird und dadurch mit höherer Wahrscheinlichkeit auf Dauer unglücklich, und weil schwere Verletzungen das Opfer töten können

- **Unfälle,** weil sie Verletzungen und manchmal auch Infektionen bedeuten

- **Infektionen/Krankheiten,** weil sie einen vorübergehenden Zustand der Behinderung an Sinnen, Motorik oder Intellekt bedeuten und manche das Opfer auch bleibend in dieser Art schädigen, und weil viele von ihnen Schmerzen verursachen und manche zusätzlich auch Angst, und weil manche das Opfer töten können

- **Hunger,** weil unzureichende Nahrungsaufnahme die gleichen Auswirkungen wie eine schwere Krankheit hat und das Opfer auf lange Sicht töten wird

- **Vergiftungen,** weil sie die gleichen Auswirkungen wie Krankheiten haben

- **Armut,** weil das Fehlen von hinreichendem Schutz vor dem Wetter (in Form von Kleidung oder Unterkunft) und schlechte Hygienebedingungen sehr leicht zu Verletzungen oder Krankheiten führen, und weil sie oftmals zu Hunger, Diebstahl, Depressionen oder Drogenkonsum führt

- **Diebstahl,** weil dies bedeutet, etwas wegzunehmen, das positive Bedeutungen oder Wert für jemanden hat, oder sogar für deren Leben wichtig ist, und die Negierung der in die Erschaffung oder den Erwerb investierten Anstrengungen

- **Depressionen/Unglücklichsein,** weil dieser unangenehme Zustand die sozioökonomischen Rollen des Opfers vorübergehend lahmlegt, und in manchen Fällen die Gefahr in sich birgt, daß sich das Opfer selbst tötet

- **Einsamkeit,** weil dieser Zustand leicht zu Depressionen führt

- **Drogenkonsum,** weil er immer einen Zustand der Vergiftung darstellt

Nun sollten wir eine positive Definition für die Aufgabe des konstruktiven Utopismus finden. Dies wird einen allgemeinen Überblick über das geben, was wir anstreben, also Dinge, die wir für positiv erachten und beibehalten (und vielleicht sogar noch verbessern) wollen, und neue Dinge, die wir uns in der Utopie wünschen würden.

Wünschenswert (Wunschzettel):

- **Jeder soll sein Leben so glücklich, gesund und lange leben können wie möglich** denn dies scheint der natürliche Kern des bewußten Lebens zu sein. Jedes der Gegenteile – Unglücklichsein, Krankheit oder frühzeitiger Tod – läuft einem solchen Leben offensichtlich zuwider.

- **Die Gesellschaft soll in der Lage sein, aufkommende Probleme so schnell und so gut wie möglich zu lösen** denn Probleme bedeuten Unglücklichsein (ganz besonders das Problem, sich nicht in der Lage zu fühlen, ein Problem zu lösen), und können ein Risiko für die Gesundheit oder sogar das Leben bedeuten. Lösungen sollen schnell gefunden werden, da ein Problem um so mehr Unglücklichsein hervorrufen kann, je länger es besteht; und die beste Lösung ist anzustreben, da je weniger gut eine Lösung ist, um so mehr Problem bestehen bleibt.

- **Die Gesellschaft soll so organisiert sein, daß das Auftreten ernster Probleme minimiert ist** denn dies würde ein Minimieren des Unglücklichseins bedeuten und Ressourcen aufsparen für dennoch auftretende Probleme. Damit sollten mehr Menschen in der Lage sein, intensiver an der Lösung auftretender Probleme zu arbeiten.

- **Die Gesellschaft soll unabhängig davon funktionieren, wie viele Mitglieder sie hat** und soll deshalb ein flexibles Modell sein, welches von kleinsten Gruppen in Überlebenssituationen bis hin zu einer ganzen Zivilisation anwendbar ist. Auf diese Art sollten die Menschen auftretende unvermeidbare Katastrophen bestmöglich zu meistern in der Lage sein.

- **Die Utopie soll ihre Transformation beinhalten** was bedeutet, daß die Gesellschaft auch dann funktionieren soll, wenn sie von schlechteren Gesellschaftssystemen umgeben ist, und sie soll in der Lage sein, sich auszubreiten durch eine Transformation dieser in die Utopie. Bei diesem Prozeß sollen die bestehenden Probleme der schlechteren Systeme so schnell und gut wie möglich gelöst werden.

Das sollte soweit erst einmal reichen. Die genannten Punkte mögen sehr vage erscheinen, und das sind sie auch, aber wir brauchen sie im Moment nicht präziser, da sie an sich einen objektivst-möglichen Rahmen abgeben sollen. Innerhalb dieser Rahmenstruktur werden wir nach der besten Lösung suchen, also jener, welche die Punkte der Negativliste minimiert und zugleich jene der Positivliste maximiert. (Dazu muß gesagt werden, daß „*die* beste Lösung" in Wirklichkeit höchst flexibel sein wird. Aber das in einem späteren Kapitel.)

A.2.2. Notwendige und hilfreiche Fähigkeiten

Zunächst: was, wenn du über eine der untenstehenden Kenntnisse oder Fähigkeiten nicht verfügst? Nun, sie sind zwar Voraussetzung, um eine konstruktive Utopie *entwickeln* zu können, nicht aber zwingend um sie verstehen zu können. Sie sind aber durchaus jedem zu empfehlen. Alles was du brauchst, ist Neugier, etwas Zeit und ein klein wenig Mut. Fange mit dem an, was dich am meisten interessiert, und innerhalb weniger Jahre oder gar nur Monate wirst du ganz automatisch alle Felder erforschen — denn es gibt nur *eine* Welt, und daher ist praktisch jedes Feld mit jedem anderen irgendwie verbunden. Paß aber auf, daß wenn du ein Gebiet tiefer studierst, du nicht vergißt, dein Wissen auch auf andere Gebiete auszuweiten; werde kein Fachidiot!

Das Thema Konstruktiver Utopismus mag äußerst komplex sein, ja, aber auch äußerst wichtig, und eigentlich auch sehr interessant. Je mehr Menschen sich damit beschäftigen, desto besser. Und hier kommst du ins Spiel.

Schlußendlich geht es ja auch um **dein** Leben, **deine** Freiheit, **dein** Glücklichsein und so weiter. Für diese solltest du etwas Zeit, Neugier und ein wenig 'Mut' investieren.

Nur nicht aufgeben! Wenn du etwas heute nicht verstehst, dann verstehst du es morgen. Überspringe Wörter, Phrasen oder sogar ganze Absätze, wenn sie dir zu schwer sind, aber versuche die Grundaussagen des Textes zu erfassen. Mach dir Notizen (im Kopf oder besser auf Papier) über die ausgelassenen Sachen. Versuche später deren Bedeutung herauszufinden, wenn du dazu in der Stimmung bist und geeignete Quellen zur Hand hast. Normalerweise kann man 10% oder noch mehr von einem Text auslassen und ihn dennoch verstehen. Überlege auch einmal, an wieviel du dich von dem letzten Film den du gesehen hast erinnerst, oder von dem letzten Roman den du gelesen hast. Nun zur Komplexität des Konstruktiven Utopismus. Das Leben selbst ist komplex. Versuche dir einen Moment klarzumachen, wieviel du eigentlich weißt und kannst. So vieles hast du in der Schule gelernt (auch wenn du dich an das meiste nicht mehr erinnerst — aber zum Großteil war es ja auch wirklich nicht sonderlich sinnvoll), und so vieles woanders. Freunde, Bücher, Filme, Computerspiele... Komplexität ist eigentlich kein Problem an sich. Jetzt ist dir der allgemeine Rahmen schon bekannt; laß dich von den wissenschaftlichen Begriffen unten (oder irgendwo sonst) nicht vergraulen. Sie sind *wirklich* nicht da, damit du dir dumm vorkommst. Es ist nur eben einfacher, solche Wörter zu verwenden, wenn man über entsprechende Themen redet (oder nachdenkt), wie es auch einfacher ist, von der „Sonne" zu sprechen anstatt von dem „heißen, extrem hellen großen Ball, der regelmäßig über den Himmel zieht", oder als wenn man andere komplizierte (und nicht wirklich exakte) Phrasen verwenden würde.

Notwendige Wissenschaften:

- Physik um das 'passive' Verhalten aller Dinge zu verstehen, um zu wissen was möglich ist und was nicht
- Philosophie um den Ursprung aller Dinge zu verstehen, um die Wissenschaftlichkeit zu verstehen, um über die Bedeutung und den Sinn jeglicher Dinge reflektieren zu können

- **Kybernetik** um zu verstehen wie Systeme — einschließlich komplexer — im allgemeinen funktionieren, um die Auswirkungen externer Veränderungen auf Systeme zu verstehen

- **Ethik** um in der Lage zu sein, die Güte von Handlungen und Gesellschaftssystemen beurteilen oder abschätzen zu können

- **Geographie** um über die Oberflächenstruktur des Planeten auf dem wir leben Bescheid zu wissen, sein Klima, die Verfügbarkeit unterschiedlichster Ressourcen in verschiedenen Gegenden

- **Ökologie** um das System der Natur zu verstehen und seine Bedrohungen zu kennen, um die Langzeitnachhaltigkeit eines Gesellschaftssystems abschätzen zu können

- **Biologie** um über Pflanzen und Tiere Bescheid zu wissen, um den menschlichen Körper zu verstehen einschließlich seiner Bedürfnisse und Bedrohungen

- **Medizin** um über die Gefahren für den Menschen Bescheid zu wissen

- **Survival** um die wahrhaft essentiellen Grundlagen des Lebens auf unserem Planeten zu beherrschen, um die wahre Bedeutung diverser Arbeiten und konstruierter Strukturen zu verstehen, um auf Katastrophen und Notfälle vorbereitet zu sein

- **Ökonomie** um die optimale Verwendung und Verteilung jeglicher Art von Ressourcen beurteilen und organisieren zu können

- **Psychologie** um zu verstehen wie Menschen mit Informationen umgehen und wie Gefühle die Handlungen der Menschen beeinflussen, um über die allgemeinen Fähigkeiten sowie Grenzen und Schwachstellen des menschlichen Denkens Bescheid zu wissen

- **Soziologie** um Gesellschaftssysteme zu verstehen, um zu verstehen wie die Interaktionen vieler psychologischer Wesen zu sozialen Phänomenen führen

- **Ethnologie und Geschichte** um diverse Beispiele für Möglichkeiten und Gefahren von Gesellschaftssystemen und gesellschaftlichen Prozessen zu kennen, um von der eigenen Kultur unabhängiger und damit objektiver zu sein

Der Entwickler eines konstruktiven Utopismus würde idealerweise die Grundlagen aller dieser Gebiete kennen.

Kurz gesagt, und als Erweiterung zugleich, sollte er oder sie danach streben, die Welt, die Gesellschaft, den Menschen und schließlich sich selbst so gut wie möglich zu verstehen. (Das war übrigens die ursprüngliche Bedeutung des Wortes 'Philosoph', wörtlich 'Freund der Wahrheit'.) Dies bedeutet auch beständig zunehmende Intelligenz (Intelligenz als das allgemeine Vermögen, Probleme zu lösen), nicht nur durch das Verstehen verschiedener Wissensgebiete, sondern mehr noch durch Meta-Konzepte, durch **Interdisziplinarität** (verschiedene Felder zu kombinieren, 'Brücken' zwischen ihnen zu finden — ein Grundpfeiler wissenschaftlichen Fortschritts) und durch **Heurismen** (Erfahrung und Strategie im Problemlösen).

Natürlich wird man für manche der oben aufgezählten Felder **Mathematik** benötigen. Auch ist es äußerst hilfreich, das bedeutendste 'Werkzeug' der menschlichen Kommunikation zu verstehen, welches wir zudem fast pausenlos beim Denken verwenden: die Sprache. Die Wissenschaft dazu nennt sich **Linguistik** und kann zugleich als Voraussetzung wie Ergänzung von Philosophie und Psychologie betrachtet werden, sowie auch als Bindeglied zwischen beiden. Mit Linguistik verwandt ist auch die **Informatik**, welche als abstrakte Mischwissenschaft aus Physik und Mathematik aufgefaßt werden kann, die sich auf Kommunikationstheorie und den Umgang mit mehr oder weniger strukturierten Daten konzentriert.

Hilfreiche Fähigkeiten oder Hobbys:

- **Programmieren** trainiert Intelligenz, Konzentrationsfähigkeit, Perfektionismus (Vermeiden selbst kleinster Fehler), heuristisches Problemlösen, abstraktes und logisches und strukturelles Denken

- **Computerspielen** besonders Simulationsspiele, Adventures und Rollenspiele trainieren die Intelligenz und das Problemlösen, und helfen dabei, komplexe Systeme und Vorgänge besser verstehen zu können

- **Phantasie** um kreative Lösungen zu finden, um Konzepte schnell und intuitiv analysieren zu können (etwa zum Aufspüren möglicher Konflikte/Probleme durch das Sichvorstellen von 'wie es wäre ...')

A.3. Vom Survival zur Soziologie

Wie wäre es wohl, ganz allein in der Wildnis leben zu müssen? Wie kann man in so einer Situation überleben? — Indem man die physiologischen Bedürfnisse und Gefährdungen des Menschen versteht, indem man ein paar Techniken zum Erfüllen der Bedürfnisse und Vermeiden der Gefährdungen kennt, und schließlich indem man die speziellen Fähigkeiten der menschlichen Spezies einsetzt. Ich werde hier nur ein paar Grundlagen wie in einem Schnellkurs präsentieren, und werde zeigen, daß Survival das Fundament jeglichen menschlichen Lebens ist, auch der sogenannten Zivilisation.

Das Einzelsurvival (alleine überleben in der Wildnis) ist ohne Frage ein Extrem. Aber seine Prinzipien (welche im Einzelsurvival am einprägsamsten sichtbar sind) gelten für ausnahmslos jede Form menschlicher Gesellschaft. (Es sei denn, sie steuert geradewegs auf das bittere Ende zu. Das wäre dann kein Survival, versteht sich.)

Sobald andere Menschen bei dir und/oder in deiner Umgebung sind, ändert sich die Überlebenssituation. Im allgemeinen wird das Leben sehr viel einfacher und sicherer, interessanter und erfüllender. Allerdings kann es in gewissen Situationen auch sehr viel schlechter und bedrohter werden. Sowohl die Vorteile als auch die Nachteile des Gruppensurvivals treten um so stärker auf, je mehr Menschen in einem Gesellschaftssystem zusammenleben. Es ist interessant (und für den konstruktiven Utopismus sehr wichtig), dies einmal näher zu betrachten.

Natürlich besteht das Leben nicht nur aus hartem Survival. Es gibt den Alltagstrott – und es gibt die eigentliche Erfahrung des Lebens, welche sich vor allem um Emotionen (jeglicher Art) dreht. Glücklichsein, positive Erfahrungen, schöne Gefühle und Empfindungen, zwischenmenschliche Kontakte, erfüllende Aufgaben und Arbeiten sind wichtig für einen Menschen. Auch dieser 'gegenüberliegenden Seite des Survivals' lohnt es sich hier einmal zuzuwenden.

A.3.1. Überleben allein

Beginnen wir mit den Grundlagen des Lebens als Mensch auf diesem Planeten, wie sie beim Einzelsurvival am deutlichsten zu Tage treten. Wie ich später zeigen werde (oder bereits hier klar werden wird), baut jede Gesellschaft auf diesen Grundlagen auf.

Zum einen gibt es gewisse Bedürfnisse, die erfüllt, zum anderen verschiedene Gefahren, die gemieden oder erfolgreich gemeistert werden müssen. Ich werde hier nur Kernpunkte ansprechen (und garantiere weder Vollständigkeit noch absolute Richtigkeit); für detaillierte Informationen, einschließlich Techniken und Methodik, gibt es verschiedene sehr gute Bücher und teilweise auch Kursangebote unter den Stichworten Survival oder Überlebenstraining.

Zunächst erwarten dich zwei Illustrationen sowie die Namen der wichtigsten Bedürfnisse und Gefahrengruppen. Direkt im Anschluß werde ich zuerst die Bedürfnisse, dann die Gefahren in kurzen Anmerkungen erläutern. Du könntest diese zwar überspringen, jedoch empfehle ich, sie doch einmal durchzulesen. (In einem Survival-Buch würde jeder einzelne Punkt jeweils in einem mehrseitigen Kapitel abgehandelt werden!)

Nach den Bedürfnissen und Gefahren werde ich eine Parallele zu unserem positiven utopischen Wunschzettel aufzeigen, und schließlich skizzieren, wie der Alltag im Einzelsurvival aussähe. Dieser letzte Punkt wird besonders wichtig sein, wenn wir dann zum Gruppensurvival übergehen.

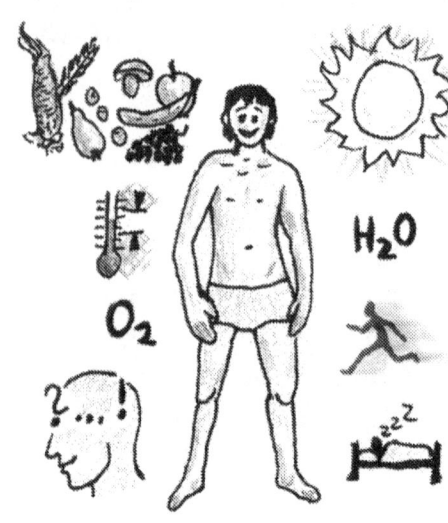

Essentielle Bedürfnisse:

- Temperaturbereich
- Frische Luft / Sauerstoffaufnahme
- Wasseraufnahme
- Nahrungsaufnahme
- Schlaf

Sekundäre Bedürfnisse:

- Sonnenlichtbestrahlung
- Muskeleinsatz / Bewegung
- Geistige Stimulation

Gefahren:

- Kälte
- Hitze
- Krankheiten / Infektionen
- Parasiten
- Gifte (Pflanzen, Gase, Tiere usw)
- Unfälle / Mechanische Einwirkungen
- Angriffe von Tieren
- Feuer / Elektrizität

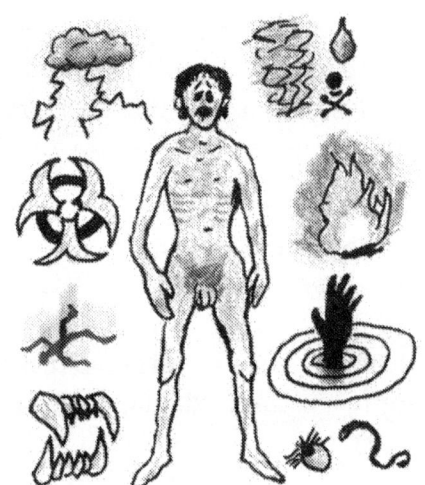

Essentielle Bedürfnisse

- **Temperaturbereich:** in Anpassung an das Wetter und je nach geographischer Region ist mehr oder weniger Aufwand nötig, vom einfachen Wechsel zwischen Schatten/Unterschlupf und Sonne bis hin zum Feuermachen, warmer Kleidung und Hausbau; sowohl niedrige als auch hohe Temperaturen führen zu bedrohlichen Gesundheitszuständen (ein Sturz in eiskaltes Wasser etwa kann innerhalb von Sekunden zum Tod führen), extreme Temperaturen (auf der Erde ist Kälte deutlich häufiger als Hitze) verursachen schwere Verletzungen durch Gewebsschäden

- **Frische Luft / Sauerstoffaufnahme:** problemlos (und automatisch) erfüllt durchs Atmen; benötigt als 'Treibstoff' für nahezu alle energiebezogenen Körperfunktionen; wenn nicht erfüllt (zB unter Wasser), wird der Gesundheitszustand innerhalb weniger Minuten kritisch, sehr bald folgt der Tod

- **Wasseraufnahme:** Hauptsubstanz des menschlichen Körpers, wird auch zur Verdauung und Temperaturregelung benötigt; hauptsächlich erfüllt durch das Trinken von Wasser, weniger durch das Essen wasserhaltiger Nahrung, und sehr wenig durch das Atmen feuchter Luft; Wasser geht verloren durchs Schwitzen, Atmen und Urinieren; wenn nicht erfüllt, wird ein kritischer Gesundheitszustand abhängig von diversen Faktoren (Temperatur, allgemeiner Gesundheitszustand, Erschöpfung, Verdauung usw) nach wenigen Tagen erreicht, dann sehr bald tödlich

- **Nahrungsaufnahme:** bedarf der Suche und des Sammelns, oft auch der weiteren Zubereitung von Nahrung, voll erfüllt nur dann, wenn sowohl ausreichende Quantität (Menge) als auch Qualität (verschiedene Komponenten wie Zucker, Proteine, Vitamine usw) an Nahrung gegessen wird, reichlich Quellen und viele verschiede Sorten (Früchte, Wurzeln/Gemüse, Nüsse, Pilze usw) in allen Regionen, die dem natürlichen Lebensraum des Menschen — den Tropen und Subtropen — ähneln; benötigt zum Aufbau und zur Erhaltung der Körpersubstanz und für alle Körperfunktionen; wenn nicht erfüllt, braucht der Körper seine eigenen Speicher auf, der Gesundheitszustand verschlechtert sich sehr langsam, je nach Anfangszustand wird er nach ein paar Wochen bis etlichen Monaten kritisch, dann kommt es zum Verhungern (häufiger kommt der Tod allerdings durch sekundäre Effekte — etwa Krankheiten, Erfrieren, einen Raubtierangriff o.a. — welche durch Schwäche provoziert werden)

- **Schlaf:** automatisch vom Körper gesteuert; wenn nicht erfüllt (häufige Störungen und Streß), verschlechtert sich der Gesundheitszustand vor allem durch akute nervliche Störungen, sekundäre Gefahren werden heraufbeschworen und die Erfüllung der Bedürfnisse wird deutlich erschwert

Sekundäre Bedürfnisse

Diese werden normalerweise automatisch zusammen mit den essentiellen Bedürfnissen erfüllt. Nur in sehr seltenen Situationen (bezogen auf das Einzelsurvival) – oder in Gesellschaftssystemen – können sie zu einem Problem werden.

- **Sonnenlichtbestrahlung:** benötigt für verschiedene mikrobiologische Funktionen (zB für die Produktion diverser gesundheitsrelevanter Stoffe); wenn nicht erfüllt steigendes Risiko von Krankheiten, einschließlich solcher des Geistes/Gemüts (angefangen bei schweren Depressionen)

- **Muskeleinsatz / Bewegung:** wenn nicht erfüllt Degeneration von Muskeln, der allgemeine Gesundheitszustand wird etwas abfallen

- **Geistige Stimulation:** wenn nicht erfüllt führt Langeweile zu Depressionen, auch andere Nervenstörungen (zB Halluzinationen, Wahnvorstellungen) möglich, des Menschen einzigartige und wichtige Problemlösefähigkeiten verkümmern langsam

Gefahren

- **Kälte:** siehe essentielles Bedürfnis 'Temperaturbereich'

- **Hitze:** siehe essentielles Bedürfnis 'Temperaturbereich'

- **Krankheiten / Infektionen:** verursacht durch in den Körper eingedrungene Mikroorganismen, die sich in ihm vermehren und sich von Körpersubstanz bzw Organen ernähren und/oder Gifte freisetzen, was je nach Infektion und ihrem Ziel zu den unterschiedlichsten Symptomen (Krankheitsauswirkungen) führen kann; die Infektion kann durch den Mund (einatmen), durch eine Körperöffnung, durch Wunden (Blut) oder auf anderen Wegen erfolgen, je nach Mikroorganismus; die Schwere der Gefährdung hängt von der Art der Mikroorganismen und ihrer Anfangszahl ab, sowie von der Fähigkeit des Immunsystems des Erkrankten, sie zu zerstören; Schutz durch Hygiene (an erster Stelle Vermeiden bekannter Quellen gefährlicher Mikroorganismen) und durch ein gutes Immunsystem bzw allgemeinen guten Gesundheitszustand / gute Fitness; bei vielen Krankheiten kann die Chance auf eine Heilung durch richtige medizinische Behandlung stark erhöht werden

- **Parasiten:** für gewöhnlich sehr kleine Tiere, die sich von Körpersubstanz oder -flüssigkeiten ernähren; äußere Parasiten (Insekten wie Mücken, Wanzen und Flöhe, aber auch Blutegel, Vampirfledermäuse u.a.) trinken meist nur wenige Tropfen Blut, können aber Infektionskeime übertragen; innere Parasiten (idR Würmer) ernähren sich von Körpersubstanz bzw Organen, vermehren sich im Körper und zerstören weitere Substanz durch ihre Bewegungen innerhalb des Körpers, sie wirken daher wie Makro-Infektionen; Schutz durch Kleidung, Waschen, aufgeräumtes und sauberes Wohnen usw gegen äußere Parasiten; Hygiene, speziell das Trinken/Nutzen nur von sauberem Wasser, gegen innere Parasiten (da sie idR als Infektion winziger Larven, Eier o.ä. in den Körper eindringen); äußere Parasiten können eventuell entfernt werden, aber das Risiko einer Infektion steigt dadurch (da Flüssigkeit aus ihnen in die Wunde gequetscht werden kann); gegen innere Parasiten muß medizinisch behandelt werden

- **Gifte (Pflanzen, Gase, Tiere usw):** gasförmige, flüssige oder feststoffliche Konzentrationsansammlungen die zerstörend auf Körpersubstanzen bzw Organe wirken oder wichtige mikrobiologische Körperfunktionen unterbrechen; können auf verschiedene Weise in den Körper gelangen, etwa durch Einatmen (Gase wie etwa von Bränden, Verrottung oder vulkanischer Aktivität), durch das Essen giftiger Pflanzenteile oder Pilze, durch einen Stich oder Biß eines giftigen Tieres (tödlich sind fast nur diverse Schlangen, Fische und andere niedere Meerestiere; Insekten, Spinnen, Skorpione usw sind weitaus häufiger indirekt tödlich durch Schock und/oder Unfälle), bei seltenen Arten von Tieren und Pflanzen auch bereits durch bloße Berührung, u.a.; Gift vermehrt sich im Körper nicht, und verläßt ihn, so das Opfer am Leben bleibt, meist früher oder später wieder (Gewebsschäden bleiben jedoch zurück); Schutz durch Vermeiden von Giftquellen und umsichtiges Vermeiden des Gestochen- und Gebissenwerdens; manche Vergiftungen können erfolgreich medizinisch behandelt werden

- **Unfälle / Mechanische Einwirkungen:** beschädigende oder zerstörende mechanische Einwirkungen auf den Körper (zB Fallen aus Höhen, von fallenden Objekten getroffen werden, vom Sturm oder einer Lawine erfaßt werden, Aufgerissenwerden, Schnitte, Durchbohrtwerden und so weiter) oder solche, die wichtige Körperfunktionen unterbrechen (zB Erwürgen); Verletzungen (wenn nicht unmittelbar tödlich) können beim Opfer zu bleibenden Behinderungen führen und bergen oft die Gefahr von Infektionen; Schutz durch vorsichtiges Bewegen besonders an gefährlichen Orten, und durch das Aufsuchen oder Bauen von Obdach vor starkem Wetter; der Körper kann trainiert werden, diverse mechanische Gefahren zu minimieren (zB Fallschule sowie Objekten ausweichen) und sich sicherer an gefährlichen Orten zu bewegen (zB Berg- und Baumklettern); Verletzungen können bis zu einem gewissen Grade medizinisch behandelt werden

- **Angriffe von Tieren:** Angriffe von kleinen Tieren bergen das Risiko von Infektionen durch die von ihnen erzeugten Wunden; größere Tiere können schwere bis tödliche Schäden am Körper durch mechanische Einwirkungen hervorrufen; Schutz durch vorsichtigen Umgang mit Tieren unter Beachtung ihrer Verhaltenspsychologie, und durch das Leben innerhalb eines umzäunten Areals, wo sinnvoll; manche Tiere greifen nur zur Verteidigung an, sehr viel wenigere auch zur Jagd; viele Angriffe können je nach Situation durch verschiedene Methoden abgewehrt werden, vom Kampf mit Hilfsmitteln (Waffen) bis hin zu psychologischer Manipulation (Beruhigen eines angreifenden Tieres)

- **Feuer / Elektrizität:** zu Feuer siehe Hitze und giftige Gase; Elektrizität kann schwere bis tödliche äußere und innere Verletzungen durch Gewebsverbrennungen hervorrufen (zB Blitzschlag) und/oder den Herzschlag lebensgefährlich lähmen oder stören, und durch starke kurzzeitige Schmerzen einen Schock auslösen; es gibt ein paar wenige Fischarten, die elektrische Schocks aussenden können; Schutz durch Vermeiden gefährlicher Orte (oder Finden eines sicheren Unterschlupfs) in Gewittern, und durch Vermeiden der Provokation elektrischer Fische

Die ersten drei Punkte des positiven utopischen Wunschzettels (die Punkte vier und fünf sind hier nicht anwendbar) könnten für das Einzelsurvival folgendermaßen umformuliert werden:

- **Mein Ziel ist, mein Leben so glücklich, gesund und lange leben zu können wie möglich** denn dies scheint die Essenz meines Lebens zu sein. Jedes der Gegenteile — Unglücklichsein, Krankheit oder frühzeitiger Tod — liefe ihm offensichtlich zuwider.

- **Mein Ziel ist, mein Leben so zu organisieren, daß ich in der Lage bin, aufkommende Probleme so schnell und so gut wie möglich zu lösen** denn Probleme bedeuten Unglücklichsein (ganz besonders das Problem, sich nicht in der Lage zu fühlen, ein Problem zu lösen), und können ein Risiko für die Gesundheit oder sogar das Leben bedeuten. Lösungen sollen schnell gefunden werden, da ein Problem um so mehr Unglücklichsein hervorrufen kann, je länger es besteht; und die beste Lösung ist anzustreben, da je weniger gut eine Lösung ist, um so mehr Problem bestehen bleibt.

- **Mein Ziel ist, mein Leben so zu organisieren, daß das Auftreten ernster Probleme minimiert ist** denn dies würde ein Minimieren des Unglücklichseins bedeuten und Ressourcen aufsparen für dennoch auftretende Probleme. Damit sollte ich in der Lage sein, intensiver an der Lösung auftretender Probleme zu arbeiten.

Einzelsurvival bedeutet für gewöhnlich sehr viel Arbeit. Du mußt in erster Linie Nahrung, Trinkwasser und Brennmaterial finden und sammeln (und eventuell weiter aufbereiten, zB kochen). Du mußt ferner ein Feuer machen bzw erhalten, jedenfalls in den meisten Teilen der Welt, wo spätestens nachts die Temperaturen für den menschlichen Körper kritisch werden, der ja nur an tropische und subtropische, nichttrockene Gebiete niederer Höhenlagen angepaßt ist. Zusätzlich sollte man sich Kleidung anfertigen. Wo die Temperaturen nicht allzu kalt sind, kann man auch auf ein Feuer verzichten und in einem aus pflanzlichem Material gefertigten 'Schlafsack' übernachten. Zu Beginn des Einzelsurvivals sollte man sich (parallel zum alltäglichen Survival) eine Unterkunft bauen. Das wird einige Zeit in Anspruch nehmen, ist aber meist den Aufwand wert.

Niemand wird dir helfen, dir beistehen oder Wissen vermitteln. Wenn du krank wirst oder dich verletzt, wird es keinen Arzt geben; du mußt alles gänzlich allein erfinden und machen, bis hin zur Herstellung jedes kleinen Werkzeugs. Außerdem wird dich niemand vor herannahenden Gefahren warnen (Raubtiere, schlechtes Wetter, Naturkatastrophen usw). Im Einzelsurvival wirst du oftmals fast den ganzen Tag hindurch arbeiten müssen. Allerdings, was solltest du in deiner Freizeit auch besonderes anstellen? Einzelsurvival ist nicht nur hart in physiologischer Hinsicht, sondern auch in psychologischer, und es ist praktisch unmöglich, ein oben noch nicht erwähntes Bedürfnis zu erfüllen: soziale Kontakte.

A.3.2. Überleben in der Gruppe

A.3.2.1. Positive Aspekte sozialen Lebens

In der Regel ist das Leben in der Gruppe dem Alleingang aus vielerlei Gründen vorzuziehen. Es ist leichter, die essentiellen Bedürfnisse zu erfüllen und Gefahren zu vermeiden oder zu überstehen, wenn man nicht gänzlich auf sich allein gestellt ist. Schon wenn ihr nur zu zweit seid, habt ihr doppelt so viele Sensoren (Augen, Ohren, Nasen usw) zum Erkennen von Gefahren und zum Auffinden von Ressourcen, doppelt so viele Hände zum Herstellen und Arbeiten, doppelt so viele Gehirne zum Speichern von Wissen und zum Erdenken von Lösungen. Je nach Aufgabe könnt ihr doppelt soviel Kraft einsetzen (zB zu zweit Baumstämme für die Hütte bewegen), doppelt so schnell arbeiten (zB mit vier anstelle von zwei Händen das Loch im Dach vorm Regen reparieren) oder durchgehender arbeiten (zB solltet ihr in einem leicht beschädigten Boot abwechselnd einer Wasser ausschöpfen und der andere sich ausruhen, wodurch sich eure Chance, das Ufer vor dem Untergehen zu erreichen, vervielfacht). Zudem gerät man als Einzelner sehr schnell in Lebensgefahr, wann immer man sich verletzt oder krank wird, da man kaum noch die essentiellen Bedürfnisse erfüllen kann. Aber wenn man zu zweit ist, dann kann der Partner normalerweise dafür sorgen, und vielleicht kann er sogar bessere medizinische Hilfe leisten.

Betrachten wir nun ein einfaches illustratives Beispiel zu den Auswirkungen der Arbeitsteilung auf die Arbeitszeitverkürzung.

Sagen wir, die Personen A und B lebten jeweils mehrere Monate als Einzelgänger so vor sich hin. Jeden Tag mußten sie 30 Minuten laufen, bis sie eine Stelle erreichten, wo sie eine halbe Stunde lang Nahrung sammeln konnten.

Dann liefen sie zurück zu ihrer Hütte und kredenzten sich dort in 30 Minuten aus dem Gesammelten ein wohlverdientes Essen. Außerdem mußten sie jeden Tag noch irgend etwas reparieren oder herstellen, oder aber Feuerholz sammeln, was jeweils ungefähr zwei Stunden in Anspruch nahm. So arbeiteten sie jeden Tag 4 Stunden lang (1,5h Nahrung sammeln; 0,5h Kochen; 2h Bastelarbeiten, Reparaturen oder Feuerholz sammeln).

Eines Tages stolperten sie förmlich übereinander, und seitdem leben sie zusammen. Nun läuft einer wieder 30 Minuten zu den Nahrungsquellen, sammelt eine Stunde lang alles was appetitlich aussieht, und läuft 30 Minuten zurück zu ihrer Hütte, wo der andere in diesen zwei Stunden fleißig gebastelt oder repariert oder Feuerholz gesammelt hat. Sich über die Tage jeweils abwechselnd kocht immer einer für beide, was ungefähr eine Stunde dauert. Und so arbeiten sie nun den einen Tag 2 Stunden, den anderen 3 Stunden (im Schnitt also 2,5).

Aber unsere kleine Geschichte ist noch nicht vorüber. Etwas später trafen sie nämlich Person C, welche sich dann auch gleich ihrem kleinen Verein anschloß. Einem rotierenden Stundenplan folgend, sammelt jeweils einer Nahrung (30 Minuten zum Tante-Emma-Laden von Mutter Natur, 1,5 Stunden Eßbares sammeln, 30 Minuten Heimweg), während ein anderer 2 Stunden lang Dinge herstellt oder repariert oder Holz sammelt, und der letzte 1,5 Stunden lang aus den gestern gesammelten Nahrungsmitteln das Essen kocht. So arbeiten sie nun je nach Stundenplan mal 2,5 Stunden, 2 Stunden oder 1,5 Stunden — im Mittel also nur noch 2 Stunden.

Nun, das war wirklich ein sehr einfaches Beispiel, aber ich denke, die sozioökonomische Idee ist klargeworden.

Wenn die Gruppe noch größer ist und mehr Menschen zusammenleben, kommen die bisher genannten Vorteile des sozialen Lebens immer noch etwas mehr zum Tragen. Und das Bedürfnis nach sozialen Kontakten kann endlich voll erfüllt werden. Es gibt intellektuelle Anregung und Kommunikation, Spiel und Humor, aber auch psychologische/emotionale Hilfe bei Depressionen, in traurigen Zeiten oder nach schockierenden Erlebnissen. Und dann gibt es natürlich auch Sexualität, das Sich-Verlieben, Intimität. Wenn eine Frau dann schwanger wird, muß sie etwas mehr geschützt werden und braucht Unterstützung. Noch mehr trifft dies dann auf die Babys und heranwachsenden Kinder zu. Und schlußendlich wollen nicht nur Kranke und Verletzte, Schwangere und Kinder um- und versorgt werden, sondern auch die Alten. All diese sozialen Kontakte und sozialen Arbeiten können das Leben reich machen und dem Leben einen tiefen Sinn geben und Harmonie vermitteln. (In den folgenden Kapiteln werden wir uns noch mal etwas detaillierter unter anderem mit solch 'spirituellen' Dingen wie Glück, Harmonie, Sinn des Lebens, Erfüllung, Entwicklung der Persönlichkeit, Freiheit und so weiter beschäftigen.) Neben der direkten Hilfe und Unterstützung für die momentanen 'Kunden' oder 'Patienten' dieser Dienstleistungen gibt es auch für die ehemaligen (jeder wurde als Kind großgezogen) und wahrscheinlich zukünftigen (Alter, aber evtl. auch vorher durch Krankheit oder Verletzung) Patienten einen ständigen Vorteil: Vertrauen.

Indem das Gruppenleben die Lebensqualität aller Mitglieder erhöht, ihnen mehr freie Zeit verschafft, ein längeres und gesünderes Leben, und vor allem jede Menge Kommunikation und intellektuelle Herausforderungen (was bei allen die Qualität des Wahrnehmens, der Erinnerung und des logischen Denkens immens erhöht), macht die Gruppe, und schließlich die Menschheit, Fortschritte im Überleben, also darin, die Bedürfnisse zu erfüllen, Gefahren zu vermeiden und auftretende Probleme erfolgreich zu lösen. Handwerk und Wissenschaften und Arbeitsteilung und soziale Kontakte garantieren zusammen einen hohen Lebensstandard.

A.3.2.2. Negative Aspekte sozialen Lebens

Allein rein durch den körperlichen Kontakt, ja bereits schon durch das nahe Zusammenleben, steigt das Risiko, sich eine Infektion zuzuziehen. Wo eine besonders gefährliche Krankheit nur einen einzigen Einzel-Survivalisten umbringen würde, könnte sie tausenden und mehr Menschen das Leben kosten, die in einer dichten Gesellschaft wohnen. Diese Gefahr steigt natürlich mit der Gruppengröße, der Häufigkeit und Intensität der Kontakte in ihr, und mit der Reiseaktivität. Mit Hygiene kann und sollte das Risiko reduziert/minimiert werden.

Der Mensch als Tier kann auch angreifen (siehe die Gefahren im letzten Kapitel). Ein angreifender Mensch ist für einen anderen Menschen schon schlimm genug. Aber anders als andere Tiere, kann und wird der Mensch in vielen Fällen trickreiche Hilfsmittel einsetzen. Vom Steine werfen und Speere schleudern bis zum Kämpfen mit Keule oder Schneidwerkzeug, oder sogar dem Schießen mit Pfeil und Bogen reicht das eher primitive (aber nichtsdestotrotz hochgefährliche und lebensbedrohliche) Waffenrepertoire. Doch schlimmer noch, kann nämlich fast alles, was oben über die Vorteile des sozialen Lebens gesagt wurde, die Gefährlichkeit eines Menschenangriffs erhöhen; da die Kampfkraft einer angreifenden Gruppe, analog zu jeder anderen geteilten Arbeit, sehr viel stärker sein kann als die schiere Summe der Kraft der einzelnen.

Kommunikation, Wissenschaft, Arbeitsteilung, Technik und so weiter können zu Waffen führen, die eine unfaßbare Zerstörungskraft besitzen, schlimmer noch als Naturkatastrophen. Aber auch leichtere Waffen, und gerade diese, können zu einer immensen Gefahr werden, besonders wenn sie in hohen Stückzahlen hergestellt werden sowie leicht beschaff- und bedienbar sind. Und es sind nicht nur die Waffen, die eine angreifende Menschengruppe so gefährlich machen; sie können auch Strategie und Taktiken anwenden, koordinierte Bewegungen wie auch trainierte Nahkampf-Tötungstechniken, und schließlich alle weiteren Mittel, um Gefahren einzusetzen oder es den Angegriffenen schwer bis unmöglich zu machen, ihre Bedürfnisse zu erfüllen.

Der dritte Komplex von Problemen, die aus dem Gesellschaftsleben erwachsen, ist hauptsächlich psychologischer Natur. So sehr das Lernen von anderen ein großer Vorteil sein kann, so kann es auch zu einem großen Nachteil werden, da die Gefahr besteht, daß die Lernenden Fehler und Unwahrheiten von den Lehrern aufnehmen, und dadurch Irrtümer, Illusionen und selbst willentlich verbreitete Lügen die Chance haben, sich lawinenartig in großen Teilen der Bevölkerung auszubreiten – und sich beliebig lange dort zu halten.

Wenn die Menschen nicht dazu gebildet werden, skeptisch und neugierig zur gleichen Zeit zu sein, wenn sie nie ausreichend lernen, alle Informationen zu hinterfragen, dann werden sie mit hoher Wahrscheinlichkeit den Ideen anderer Menschen folgen, auch wenn diese ständig zu Konflikten mit der Realität führen. Die Bedürfnisse nicht richtig zu erfüllen, die Gefahren nicht richtig zu meiden – oder gar zu suchen – können genauso als Massenverhalten auftreten wie das Fehlen bis hin zur totalen Umkehr alles dessen, was unter den Vorteilen des sozialen Lebens erwähnt wurde.

Eine Gesellschaft kann praktisch endlos viele Generationen lang mit falschen Vorstellungen leben, da mehrere von diesen dazu tendieren, Teufelskreise in der Gesellschaft zu bilden.

Die verschiedenen Manifestationen des Phänomens namens Macht etwa können jede beliebige Art von Ideologie effektiv selbst gegen die offensichtlichste Wahrheit stabilisieren. Das kann nicht nur die Vorteile sozialen Wissen und der Wissenschaft neutralisieren, sondern sogar das Gegenteil bewirken — und die Lebensqualität selbst im Vergleich zum Einzelsurvival gravierend verschlechtern. Neben der autoritären Macht, die immer auf körperliche Gewalt aufbaut (als direkte Bedrohung oder in Form eines psychologischen, in der Luft schwebenden Fallbeils der zunehmenden Bestrafungshärte bei Nichtgehorsam) gibt es auch die soziale Macht, eine Nachwirkung der autoritären Macht der Kindeserziehung. Soziale Macht wird oft als 'Kultur' bezeichnet (oder als 'Kult' bei den der eigenen Kultur weniger ähnelnden). Sie bedeutet, dem zu folgen, was die Gesellschaft als 'normal' definiert. Dies kann dabei so pathologisch wie nur irgend möglich sein — man denke an die Massenselbstmorde von Sekten, an das Dritte Reich, an Kriege, an religiöse Fanatismen und so weiter — aber wird doch von einem Großteil der Menschen befolgt und stabilisiert werden. Jeder einzelne von ihnen mag dabei sogar unter der Situation leiden und hochgradig unglücklich sein. Aber sie werden alle jeweils denken, daß sie eine Ausnahme sind, und es keinen Sinn hätte, von dem abzuweichen, was all die anderen Menschen für richtig halten. Und dieses Abweichen vom 'Normalen' könnte in der Tat in manchen Gesellschaften sogar gefährlich sein, da man von der Gesellschaft ausgeschlossen, und einem dann die Kooperation vollkommen versagt werden könnte — wenn man nicht gar direkt angegriffen wird.

Solch eine Gesellschaft kann und sollte in korrekter Analogie zu körperlichen Erkrankungen ebenso als „krank" bezeichnet werden, und das zugrundeliegende Phänomen als „sozial übertragbare Geistesstörungen". Aber wie in einer körperlich größtenteils kranken Gesellschaft, die keine Hygiene kennt, die Meisten dies nicht als großes Problem betrachten (etwa weil es doch *normal* sei, mit 35 zu sterben), werden Gedanken wie Soziopathologie und psychologische/mentale Hygiene in betroffenen Gesellschaften kaum mit Aufmerksamkeit bedacht. Verhaltensweisen und Angewohnheiten, die beim Individuum als psychopathologisch angesehen würden, gelten als kein Grund für Bedenken, wenn sie bei Vielen auftreten. Man denke beispielsweise nur einmal an Rauschmittelkonsum, Körperverstümmelungen zu Modezwecken oder neurotische sexuelle Beziehungsunfreiheiten. Wenn diese innerhalb einer Gesellschaft unbekannt wären, aber plötzlich von zwei oder drei Menschen 'erfunden' würden, dann würde dies (gemessen an den natürlichen Bedürfnissen/Gefahren des Überlebens) mit Sicherheit als äußerst alarmierend betrachtet werden.

Die Behandlung für alle sozialen Krankheiten ist, was man als mentale/psychologische Hygiene und Medizin bezeichnen kann, und bedeutet, die Fähigkeit und Methoden zu entwickeln und zu nutzen (als Individuum wie auch als Gesellschaft), jede Art von Information zu hinterfragen und zu überprüfen, die inneren Denkmodelle an der Realität zu stimmen, die sie wiedergeben sollen. Dies ist im Grunde genau das, was das Wort Philosophie ursprünglich bedeutete, und Wissenschaft ist — per Definition — das wichtigste Werkzeug dafür.

A.3.3. Überleben – Alltagsleben – Erleben

Ab einem gewissen Punkt wird aus dem Über-Leben das Alltags-Leben. Wenn die Umstände nicht allzu schlecht sind, ist man dann sogar geneigt, den Überlebensaspekt darüber beinahe zu vergessen. Andere Probleme erscheinen nun gewichtiger – Langeweile, soziale Konflikte, spirituelle Krisen (etwa ein plötzliches Gefühl der eigenen Nichtigkeit) und so weiter. Survival ist die physiologische Basis des Lebens, aber das ist natürlich noch nicht alles. In einer eingespielten Gesellschaft/Wirtschaft ist das Überleben zur Routine geworden und „höhere" Themen werden von den Menschen erforscht und diskutiert. Optimierung der Arbeit, das Suchen nach philosophischen Antworten, wissenschaftliche Forschung, Ingenieurwesen und Erfindungen, Kunst schaffen und darstellen, Unterhaltung suchen, Spiele spielen, zwischenmenschliche Beziehungen, Erhöhung der Gesundheit, und so weiter – um nur mal ein paar zu nennen.

Das Überleben muß sichergestellt werden, die alltäglichen Aufgaben müssen erledigt werden. Aber es gibt viele verschiedene mögliche Wege, sie zu tun, und nur wenige davon sind wirklich optimal. Die Qualität der Überlebens-Arbeiten sollte sehr hoch sein, und daher auch das Wissen und die Erfahrung der Ausübenden – gleichfalls aber ihre Motivation und körperliche wie geistig-kreative Leistungsfähigkeit.

Es ist daher von Bedeutung, daß die Menschen ein erfülltes und glückliches Leben führen, so sehr wie es unter den gegebenen Umständen möglich ist, daß die Art der Arbeit stark abwechselt, aber sich die Menschen dennoch auf eine überschaubare Anzahl von Bereichen konzentrieren können, daß Zeit und Raum und Arbeitskraft und Ressourcen intelligent genutzt werden und so weiter. Wir werden das in späteren Kapiteln noch einmal eingehender beleuchten, aber werden uns hier nun etwas näher anschauen, was die Grundlagen des erfüllten Lebens sein könnten.

Aufgaben	Lernen	Schöpferisches
Körper	Menschen	Ruhe

Diese sechs Kategorien sind eine grobe, aber hilfreiche Veranschaulichung der Elemente, die für ein erfülltes Leben erforderlich sind und sowohl zu einem reibungslosen Alltagsleben wie auch zur Freude am Leben entscheidend beitragen. Wie ich schon beim Überleben schrieb, füllen auch hier die Details Bücher, aber alles was wir hier brauchen und wollen ist, die Grundlagen zu verstehen.

A.3.3.1. Aufgaben

körperliche Arbeiten, Landwirtschaft, Produktion, Reparaturen, Haushalt, Nahrungszubereitung, Pflegedienste, Hygiene, Wissen weitergeben, ...

Wichtig für das physische Überleben, um gesund zu bleiben und so weiter. Aber ein paar nützliche Aufgaben zu haben und im Subsistenzprozeß mitzuwirken, ist auch deshalb wichtig, da ohne diese Integration mit der Zeit ein sehr unangenehmes Gefühl der Nutzlosigkeit in einem aufsteigen wird.

Arbeiten zu erledigen, die dir nützlich und sinnvoll erscheinen, kann — wenn sie in Streß und Zeit begrenzt sind — sogar zu einem tiefen Glücksgefühl reifen, und kann deinem Leben Sinn geben.

In diesem Bereich werden auch all die Dinge, Werkzeuge, Materialien und so weiter, die in den anderen Bereichen benötigt werden, hergestellt oder herbeigeschafft.

Kann teilweise in den Bereichen 'Schöpferisches' und 'Menschen' erfüllt werden.

A.3.3.2. Lernen

Lesen, einen Vortrag bzw eine Vorlesung hören, einen Kurs besuchen, ins Theater gehen, einen Film schauen, Computer spielen (Adventure, Rollenspiel, Logik u.ä.), ...

Der Mensch braucht ständig geistige Stimulation, möchte Erfahrungen machen und Neues lernen. Wenn nichts davon möglich ist, brodelt in ihm ätzende Langeweile hoch. Aber eigentlich gibt es viele Wege, neue Informationen zu sammeln. Idealerweise werden verschiedene Sinne und intellektuelle Ebenen angeregt. Neue Klänge, neue Bilder, neue Gerüche, neue Gefühle, neue Einsichten — was auch immer ein neugieriges Individuum befriedigt. Und natürlich das Lernen, um die Welt zu verstehen, sowie sich selbst, um seine Fähigkeiten und Fertigkeiten weiterzuentwickeln. Zum reinen Trainieren des Denkens oder dem Spielen mit Rätseln, oder um sich auf bestimmte Aufgaben vorzubereiten.

Dieser Bereich erzeugt den nötigen Output für all die anderen Bereiche, allen voran 'Schöpferisches' und 'Aufgaben'.

Kann teilweise in den Bereichen 'Aufgaben', 'Schöpferisches', 'Körper' und 'Menschen' erfüllt werden.

A.3.3.3. Schöpferisches

jede Art von Schreiben, Kunst schaffen (zB Zeichnen/Malen, Komponieren, Designs entwerfen), wissenschaftliche Forschung, Erfinden / Problemlösungen entwickeln, Programmieren, ...

Das Gelernte anzuwenden, mit deinen eigenen Händen und deinem eigenen Kopf Neues zu erschaffen, Probleme zu lösen und so weiter, ist ein sehr wichtiger und befriedigender Teil des Lebens. Ein Fehlen dieser positiven Rückmeldung führt leicht zu anderen, weniger positiven Interaktionen mit der Welt, zu destruktiven nämlich. Kreatives Arbeiten, Konstruieren und desgleichen — und die entsprechende Anerkennung — sind daher wichtige Zutaten für eine friedliche und glückliche Gesellschaft.

Zudem ist es dieser Bereich, der die Fortschritte in allen Bereichen der Gesellschaft hervorbringt, allem voran die Optimierung der 'Aufgaben'.

Kann teilweise in den Bereichen 'Aufgaben', 'Körper' und 'Menschen' erfüllt werden.

A.3.3.4. Körper

Fitness, Körpertraining, Trainieren der Sinne, körperliche Entspannung (zB durch Massage), ...

Im Gegensatz zu Objekten und Werkzeugen führt beim Körper eher ein Zuwenig an Bewegung zur 'Abnutzung', und ebenfalls im Gegensatz — glücklicherweise — kann er durch richtige Beanspruchung wieder aufgebaut werden. Beweglichkeit, Stärke und Fitness sollten trainiert werden für eine optimale Gesundheit und eine gute körperliche Leistungsfähigkeit. Und schlußendlich gibt ein trainierter Körper ein stetes, sehr angenehmes körperliches Glücksgefühl.

Man sollte auch trainieren, die Muskeln zu entspannen, und sich effektiv bewegen zu können (zB schützendes Fallen und Abrollen, sicheres Heben und Tragen schwerer Objekte, schnelles und richtiges Ausweichen vor herabfallenden Objekten und so weiter). Und schließlich sollten nicht nur die Motorik, sondern auch die Sensoren des Körpers trainiert werden. Dieses Training ist eher mental als physisch, aber genauso wichtig. (Denn was nützt es einem, behende wegspringen zu können, wenn man den vom Baum herabstürzenden Ast gar nicht erst hört?)

Dieser Bereich liefert Output für die Bereiche 'Aufgaben' und 'Menschen'.

Kann teilweise in den Bereichen 'Aufgaben', 'Lernen', 'Menschen' und 'Ruhe' erfüllt werden.

A.3.3.5. Menschen

Kommunikation, Reden (von Plaudern bis Diskutieren), Tischspiele (zB Brettspiele, Kartenspiele), Sportspiele, Tanzen, Liebe, Berührung, Sex, ...

Zwischenmenschliche Kontakte, mit Freunden reden, spielen, herumalbern, Humor, Körpersprache, Körperkontakt, Verliebtsein, Sex und so weiter sind am allerwichtigsten, wenn es um die Frage geht, was man braucht, um das Leben wirklich zu genießen. In abwechslungsreichen und positiven Interaktionen mit anderen Menschen liegt der Schlüssel zum Glücklichsein.

Je zufriedener die Menschen mit ihren sozialen Kontakten sind, desto größer ist ihre Motivation und damit auch Leistungsfähigkeit in den anderen gesellschaftsrelevanten Bereichen: 'Aufgaben', 'Lernen' und 'Schöpferisches'.

Kann teilweise in den Bereichen 'Aufgaben', 'Lernen', Schöpferisches' und 'Körper' erfüllt werden.

A.3.3.6. Ruhe

Ausspannen, Meditieren, sanfte Musik hören, Nachdenken, ...

Um auch mal entspannen zu können, wie auch um deine Persönlichkeit weiterzuentwickeln, ist es wichtig, daß es Zeiten gibt, wo du an einem ruhigen Platz ein wenig ganz für dich allein sein kannst. Ansonsten werden selbst die positivsten Erlebnisse zu viel und du wirst Streßsymptome entwickeln, genervt sein und dich emotional ausgelaugt fühlen. Um dies zu vermeiden, suche von Zeit zu Zeit die Stille, wo du einfach alles loslassen kannst, und dann kannst du anfangen zu meditieren, zu träumen oder über Dinge nachzudenken, die dir gerade so in den Sinn kommen.

Diese 'sanften Neubeginne' reduzieren allgemein den Streß in der Gesellschaft, und helfen dir, für *alle* der anderen Bereiche quasi 'Energie zu tanken'.

Kann teilweise in den Bereichen 'Körper' und 'Menschen' erfüllt werden.

Jeder Mensch sollte das für ihn ausgewogene Verhältnis dieser sechs Elemente in seinem Leben / seinem Tag anstreben. Die verschiedenen Bereiche beeinflussen einander und multiplizieren sich in ihrer Wirkung, wenn sie ausgewogen bedient werden. Das Alltagsleben und das Erleben stehen dann nicht gegeneinander, sondern bilden vielmehr eine harmonische Einheit.

A.4. Letzte Grundsätze

Den ersten Hauptteil abschließend, der sich um allgemeinere Fragen dreht, werde ich zuerst ein Thema behandeln, bei dem es wortwörtlich um Leben oder Tod geht, als zweites folgen ein paar essentielle Informationen über die Kooperation beim Arbeiten, bei der gegenseitigen Hilfe und im zwischenmenschlichen Bereich mit einer Fußnote zu Verboten, und schließlich werde ich quasi als Zusammenfassung zur ursprünglichen Aufgabenstellung des Konstruktiven Utopismus zurückkehren und versuchen, ein einfaches Leitprinzip hinter diesem komplexen Thema zu finden.

A.4.1. Freiheit und Ethik: Mit dem Kopf durch die Wand?

Was ist Freiheit? Bedeutet sie, daß du tun kannst, was du willst? Aber was, wenn du wie ein Vogel fliegen möchtest? Oder so groß sein wie ein Berg? Unsichtbar werden, dich in einen Fisch verwandeln, schneller als der Schall laufen? ...

Ok, aber dann heißt Freiheit vielleicht, daß du das, was du tun *könntest*, nach deinem Willen in die Tat umsetzen kannst. – Ist *das* Freiheit? Stell dir jemanden vor, der mit dem Kopf voran ungebremst gegen eine Wand rennt.

Vielleicht wollte dieser bemitleidenswerte Mensch mit dem Kopf durch die Wand, und dachte, er würde sich dabei nicht weh tun. Dann hätte er das Unmögliche versucht. Aber vielleicht hat er auch einfach nur darauf bestanden, die Freiheit zu haben, gegen eine Wand zu rennen. Vielleicht mochte er sie nicht, und stürzte sich auf sie mit den Worten „Ich mach dich platt!" (Daß er statt dessen selbst geplättet wurde, kann man der Wand nicht wirklich vorwerfen.)

Natürlich ist es möglich, gegen Wände zu rennen. Aber wer das tatsächlich tut, könnte auch rufen „Ich bin frei!", sich selbst in eine kleine Box sperren, den Schlüssel wegwerfen und langsam verhungern. Wer das unbedingt will, hat eben auch die „Freiheit", sich selbst einzusperren und der Freiheit zu berauben. Allerdings wäre das Wort Freiheit damit nur ein Synonym für physikalische Machbarkeit.

Offensichtlich ist es nicht ganz so einfach. Freiheit bedeutet wählen zu können, aber bestimmte Dinge zu tun würde deine zukünftigen Wahlmöglichkeiten drastisch einschränken. Oder dich sogar umbringen. Freiheit ist zunächst *nicht* das Wichtigste. Am wichtigsten ist das Überleben — die Bedürfnisse zu erfüllen und Gefahren zu meiden oder zu meistern. Freiheit hat mit dem Weg zu tun, den du als individuelle Persönlichkeit innerhalb des Rahmens gehst, den die Welt stellt. Freiheit ohne Vernunft und ohne Verantwortungsbewußtsein ist kurzlebig.

Das Streben nach Freiheit, nach Wahlmöglichkeiten — besonders solchen, die dem Überleben dienen — ist ein Naturinstinkt wie die Neugier und der Lebenswille. Die Gesellschaft sollte dem Rechnung tragen, und den Freiheitsdrang nicht unterdrücken, gleichzeitig aber Vernunft und Verantwortungsbewußtsein fördern.

A.4.1.1. Reflexive Verantwortung: gegenüber dir selbst

Die erste Verantwortung liegt darin, dich selbst und deine Freiheit zu schützen. Wenn du etwa durch einen Unfall oder eine Krankheit Teile oder Funktionen deines Körpers einbüßt, wirst du danach weniger Informationen von der Welt aufnehmen und/oder in geringerem Maße in der Lage sein, auf die Welt einzuwirken. Im schlimmsten Fall, wenn du stirbst, verlierst du sämtliche Möglichkeiten der Wahrnehmung und des Handelns. Ohne wahrzunehmen und ohne physische Möglichkeiten, deine Umwelt zu gestalten, gibt es auch keinen Willen, kein Denken und keine Gefühle. Kurz, der Tod ist das Ende vom Sein. Was nach deinem Tod übrigbleibt, bist nicht du, sondern die Auswirkungen deines ehemaligen Existierens — und das ist ein Teil vom Sinn deines Lebens. Der andere Teil besteht schlicht darin, dein Leben zu leben, zu sein, zu existieren, zu fühlen, zu genießen, zu lernen und zu verstehen, Probleme zu lösen und so weiter.

Du bist für dich selbst verantwortlich. Beschütze dich! Und vermeide es, dir zu schaden! Wenn du heute dumme Dinge tust, riskierst oder verletzt du die Gesundheit und die Freiheit deines zukünftigen Selbst, das sich gegen deine momentane Unverantwortlichkeit nicht wehren kann. Außer durch die Vernunft.

Gehe immer davon aus, daß dein zukünftiges Selbst leben will, glücklich und gesund. Es wird auch weiser sein, also projiziere nicht deine momentane begrenzte Erfahrung und geistigen Horizonte auf es. Je positiver du dir dein zukünftiges Selbst ausmalen kannst, desto wahrscheinlicher wird es Realität werden.

A.4.1.2. Direkte Verantwortung: gegenüber den Anderen

Ein Stein *tut* nicht gerade viel. Er *ist* einfach und reagiert nur auf direkte physikalische Manipulationen. Offensichtlich hat ein Stein keine Wahlmöglichkeiten — er ist ein lebloses Ding. Wenn wir nun einen etwa ohrgroßen Stein hernehmen und kraftvoll auf ein Tier (oder einen anderen Menschen) schleudern würden, dann ist dessen Reaktion nicht so vorhersagbar und dauert meist länger als eine einfache physikalische Reaktion. Das Tier könnte etwa aufschreien, hochspringen, sich umdrehen, wegrennen (sogar eine lange Distanz, oder auf einen Baum klettern, sich in die Erde graben, ...) oder uns angreifen (als eine kurze belehrende Drohung, oder als ernsthafter Versuch, uns nachhaltig zu verletzen). Die Reaktion wird oft mehr Energie verbrauchen als unsere auslösende Aktion (der Steinwurf), etwas, das dem üblichen physikalischen Verhalten entgegensteht.

Wenn wir unseren Stein in den Schnee hoch oben auf einem Berg schleudern würden, dann könnten wir damit eine Lawine auslösen, die sehr viel stärker wäre als unser kleiner Arm. Aber die Lawine folgt nur der Schwerkraft, und kann nicht von sich aus entscheiden, einfach aufzuhören. Tiere (der Mensch eingeschlossen) sind anders. Sie haben eine Menge energetisches Potential in sich, aber sie nutzen es sinnvoll und dosiert, um flexibel auf die Welt zu reagieren. Mit einem Stein beworfen, werden sie Entscheidungen treffen.

Fliehen, angreifen oder ignorieren? Wohin fliehen? Wie angreifen? Ignorieren und vergessen, oder ignorieren und wachsam sein?

Wenn wir zum zweiten Mal einen Stein werfen, duckt sich das Tier vielleicht oder weicht aus. Oder bevor wir überhaupt den Stein werfen können, bewegt bereits unser Heben des Armes das Tier dazu, wegzulaufen oder auf uns loszugehen. Der gleiche (oft sogar indirekte) physikalische Auslöser kann bei dem gleichen Tier verschiedene Reaktionen hervorrufen. Da das Tier auf das Steinewerfen (und, einmal getroffen, auf den Versuch des Steinewerfens) auf irgendeine Art so reagiert, daß es zu vermeiden sucht, vom Stein getroffen zu werden, oder wenigstens danach nicht noch ein zweites Mal beschossen zu werden, können wir sagen, daß es das Interesse hat, nicht von einem Stein getroffen zu werden. Tiere haben viele Interessen, aber sie alle dienen letzten Endes einem einzigen Prinzip: dem Überleben (dem des Individuums wie dem der Art oder Gesellschaft). Die wichtigsten Interessen sind sehr eng mit Gefühlen verbunden: der Drang instinktiver Verhaltensprogramme, Angst, Schmerz, der Lebenswille, Glück, Neugier und so weiter sagen dem Tier was es tun sollte, daß das Überleben auf dem Spiel steht oder daß alles paletti ist.

Einen Stein kümmert es nicht, was du mit ihm anstellst. Er hat eben einfach keine Interessen und Empfindungen. Tiere und Menschen dagegen schon. Für sie spielt es eine wichtige Rolle, wie du sie behandelst, besonders, wie sehr du für oder gegen ihr Überleben arbeitest, ihre Interessen. Gegen eine Mauer zu rennen, ist sicher eine schlechte Idee. Aber es wäre vergleichbar schlecht gewesen, hätte jemand anderes den Typen gegen die Mauer geschmettert.

Sich selbst ohne einen sehr guten Grund absichtlich Schaden zuzufügen, zeugt von äußerster Bekloppheit. Anderen ohne einen sehr guten Grund absichtlich Schaden zuzufügen, zeugt von äußerster Bösartigkeit. Sich selbst oder anderen ohne Absicht Schaden zuzufügen, zeugt oft von Dummheit. In bestimmten Situationen mag es kaum möglich sein, Anderen nicht zu schaden. Aber es gibt einen großen Unterschied zwischen dem aufrichtigen Bemühen darum, so wenig Schaden wie nur irgend möglich zu verursachen und dem gedankenlosen Verursachen von Leid, Schmerz oder Tod. Wann immer einem anderen Wesen Schaden zugefügt werden soll, suche man so intensiv, als ob man selbst das potentielle Opfer wäre, nach einer besseren Lösung — denn fast immer gibt es sie!

Andere ethisch zu behandeln, bedeutet zuerst, nicht gegen ihr Überleben zu arbeiten (= nichts Schlechtes zu tun), und zweitens ihr Überleben zu fördern (= Gutes zu tun). Dein eigenes Überleben kommt natürlich stets zuerst, und erst dann solltest du an die Anderen denken. Aber du solltest auch wirklich an sie denken! Und neben den direkten Effekten auf jene, mit denen du interagierst, hat das Tun von Schlechtem oder Gutem auch indirekte Auswirkungen, die ebenfalls sehr wichtig sind.

- Anderen Schlechtes anzutun, ihnen zu schaden, erzeugt üblicherweise negative Emotionen innerhalb des sozialen Umfelds (Angst, Haß, Traurigkeit, Leid und so weiter). Das hat schlechte Auswirkungen auf die Qualität vieler gesellschaftlicher Aspekte. Und die schlechte Tat wird eventuell von anderen nachgemacht. Eine unethische Gesellschaft bedeutet eine geringere Lebensqualität. Weniger Hilfe, weniger Kooperation, weniger Freude, weniger Vertrauen und so weiter.

- Anderen Gutes zu tun, sie zu unterstützen, erzeugt üblicherweise positive Emotionen innerhalb des sozialen Umfelds (Dankbarkeit, Vertrauen, Hilfsbereitschaft und so weiter). Dies hat auch positive Auswirkungen auf die Gesellschaft im allgemeinen. Und die gute Tat mag anderen als Vorbild dienen. Eine ethische Gesellschaft bedeutet ein besseres Leben für alle ihre Mitglieder.

Es ist nicht egoistisch, anderen zu helfen, weil man annimmt, daß sich dies eines Tages für einen selbst auszahlen wird; ebensowenig ist es Egoismus, anderen vor allem deshalb nicht zu schaden, weil man befürchtet, das Gleiche könnte einst als direkte oder indirekte Auswirkung mit einem selbst getan werden. Wenigstens *handelt* man ethisch, und das ist, was für die Anderen am wichtigsten ist. Oder wer würde es vorziehen zu sterben, wenn er von einem 'Egoisten' gerettet werden könnte?

A.4.1.3. Indirekte Verantwortung: gegenüber allem, was Anderen etwas bedeutet

Man kann anderen Schaden zufügen, ohne sie überhaupt zu berühren (oder Steine auf sie zu schleudern usw). Wenn man das Haus von jemandem abfackelt, während er sich darin befindet, verletzt man die direkte ethische Verantwortung. Wenn man das Gleiche tut, während er unterwegs ist, dann verletzt man ihn nicht direkt — dennoch wird ihm diese Tat sehr viel Leid verursachen. Direkte und indirekte Verantwortung lassen sich nicht scharf voneinander trennen. Wenn man jemandes Obdach zerstört, kann er ernsthafte Probleme mit dem Wetter bekommen. Wenn man jemandes Nahrungslager vernichtet, kann er verhungern. Und so weiter.

Aber indirekte Verantwortung hat nicht nur mit solchen Dingen, sondern wirklich *allen* zu tun, die für jemanden Bedeutung haben. Die Dinge, die sie noch verwenden wollen, die Andenken, welche sie an liebe Menschen erinnern, schließlich sogar andere Wesen. Einem Wesen direkt zu schaden, verursacht für gewöhnlich ähnliches Leid in mehreren anderen Wesen durch diese indirekte Verbindung. (Und das kann sich wie eine Lawine durch die Gesellschaft fortpflanzen.)

Indirekte Verantwortung ähnelt der direkten, ist aber von geringerer Wichtigkeit. Die Nahrungsvorräte aus einem brennenden Haus zu bergen, statt die Kinder aus dem Nachbarhaus, ist eine Entscheidung, die wohl die meisten Menschen nicht als richtig empfinden würden, selbst dann, wenn sie unter jenen sind, die in der Folge weniger zu essen hätten. Aber vergiß trotzdem nicht, dir der indirekten Verantwortung bewußt zu sein, wo es möglich ist!

Indirekte Verantwortung bedeutet auch, anderer Pläne nicht zu durchkreuzen, wenn es nicht nötig ist. Wenn du beispielsweise wüßtest, daß jemand ein Gedicht schreiben möchte, erfordert die indirekte Verantwortung von dir, nicht gerade dann laute Musik in seiner Nähe zu spielen, die ihn stören könnte. Die höchste Form der Ethik wäre, Andere in ihren Absichten und Interessen zu unterstützen, wenn es dir möglich ist und sie nicht gegen wichtigere ethische Prinzipien verstoßen. So würdest du etwa jemandem, der sich für Spechte interessiert, sofort davon erzählen, wenn du auf einem Spaziergang einen gesehen hättest, so daß der Andere noch laufen und ihn eventuell selbst sehen könnte.

A.4.2. Über scheinbare und echte Kooperation

Wann und warum kooperieren Menschen miteinander? — Was bewegt sie also dazu, einander zu helfen, zusammenzuarbeiten, gemeinsam zu spielen und desgleichen? Offensichtlich benötigen sie ein gemeinsames Ziel. Für den Anfang gibt es erstmal nur zwei Grundkomponenten, die eine kooperative Einstellung erzeugen:

1. **Notwendigkeit in der Handlung sehen**
2. **den Wunsch verspüren, an der Handlung teilzunehmen**

Wenn eins von beiden der Fall ist, folgt gewöhnlich die Kooperation.

- Beispiel für 1: Wenn ein Kind von einem Baum fällt, erkennt man sofort die Notwendigkeit der Hilfe. Normalerweise wird man aber nicht gerade in Jubelstimmung darangehen, da es wohl eher keine angenehme Erfahrung wird. Die Motivation kommt allein aus der Notwendigkeitseinsicht.

- Beispiel für 2: Wenn dich ein Freund zu einem Kartenspiel einlädt, das du magst, dann wirst du freudig zusagen, denn es trifft sich mit deinem latenten Wunsch, dieses Kartenspiel zu spielen. Du würdest das Kartenspielen aber nicht als Notwendigkeit bezeichnen. Die Motivation kommt allein aus der Vorfreude.

Wenn man nur Dinge tut, die man als notwendig ansieht, die einem aber keinen Spaß machen, dann wird man bald depressiv, ärgerlich oder fühlt sich ausgelaugt. Es erfüllt einen einfach nicht; aber da ja jemand den Laden schmeißen muß, tut man es halt. Nur — wie gut, wenn man in dieser Stimmung ist?

Wenn man nur Dinge tut, die einem Spaß und Genuß bringen, wird man bald überrascht von einem Gefühl der Nervosität, das der Langeweile ähnelt, obwohl man doch mit Sachen beschäftigt ist, die einen gut unterhalten. Irgendwas scheint faul zu sein, und ist es auch. Dem Leben fehlt es an Bedeutung, an Sinn, und diesen findet man nur darin, Dinge zu tun, die man als notwendig ansieht. Was immer sie auch konkret sein mögen. (Aber es wird einem nicht gelingen, pures Spaßhaben als Notwendigkeit zu definieren.)

Beide Aspekte sollten daher für jeden Menschen wenigstens in etwa ausgewogen sein über die Gesamtheit seiner kooperativen Handlungen. Optimale Kooperation, ein Maximum an Motivation, ist garantiert, wenn beide Aspekte zugleich zutreffen.

A.4.2.1. Der gute Weg, Kooperation zu erhalten

Wenn man möchte, daß Andere einem bei etwas helfen, dann benötigt man deren Kooperation. Wie aber bekommt man diese?

- **Überzeuge sie von der Notwendigkeit!** *Erkläre warum du ihre Kooperation benötigst, und was sie tun sollen.*

- **Begeistere sie für die Sache!** *Versuche, ihnen die Kooperation schmackhaft zu machen*, und beschreibe, was sie fühlen und erleben werden.

Meist wird man sich auf eine dieser Komponenten konzentrieren, nämlich jene, die einen selbst am stärksten motiviert und daher wahrscheinlich auch auf andere am überzeugendsten wirken wird.

Wenn man Kooperation bei einer notwendigen aber eher unangenehmen Aufgabe benötigt, wird man eventuell mit den Anderen über die wahrscheinlichen Konsequenzen der Unterlassung diskutieren müssen, und warum diese Aufgabe gerade wichtiger ist als das, was sie im Moment tun.

A.4.2.2. Der schlechte Weg, Kooperation zu erhalten

Es gibt noch eine andere Möglichkeit, Menschen zum Kooperieren zu bewegen. Sie ist effektiv. Aber sie ist dennoch schlecht. Schauen wir uns zuerst an, wie sie funktioniert, und im Anschluß daran, warum sie schlecht ist.

Beginnen wir am besten mit der Frage, wann dieser Weg gewählt wird. Natürlich immer dann, wenn der andere nicht funktioniert. Wenn jene, die du zum Kooperieren bringen willst, weder die Notwendigkeit dessen sehen, was du von ihnen willst, noch sich dafür begeistern lassen. Nun ist es aber so, daß Menschen unter keinen Umständen kooperieren werden, wenn keiner der beiden Sachverhalte erfüllt ist. Und doch gibt es noch eine Möglichkeit: den **Umweg**! Wenn es dir weder gelingt, ihnen die Notwendigkeit der erwünschten Handlung selbst klarzumachen, noch sie dafür zu begeistern, dann kannst du Umstände erfinden oder einführen, die dafür sorgen, daß sie das Kooperieren dann doch noch als notwendig ansehen. Ein Beispiel dafür wäre zB die **Drohung**, etwa in der Form *„Entweder* du kooperierst, *oder* ich werde ...!"*. Aber vielleicht brauchst du auch einfach nur über die Konsequenzen der Nicht-Kooperation zu **lügen**, etwa in der Art von *„Entweder* du tust X, *oder* Y wird passieren!"*, wo du selbst gar nicht an das Eintreffen von Y glaubst, der Andere aber (zB ein Kind) deinen Worten vertrauen wird. Mit Macht hat es immer zu tun!

Selbst wenn man das Gegenteil der Drohung verwendet, indem man andere durch das **Versprechen** einer positiven Gegenleistung überredet, oder auch einfach nur **beschwatzt**. So wie in *„Wenn du X tust, dann bekommst du Y von mir."*

Warum ist diese Methode schlecht?

1. Kooperation durch die indirekte Methode ist künstliche, erzwungene Kooperation, und ihr fehlt es oft an wahrer innerer Motivation. Sie ist daher rein 'äußerlich', mithin eine Scheinkooperation. Die Ergebnisse werden fast immer von geringerer Qualität sein als jene, die aus wahrer, 'innerer' Kooperation hervorgehen (denn äußere Kooperation wird halbherzig sein).

2. Während echte Kooperation ein Gleichgewicht an Macht bedeutet, führt die künstliche Kooperation mit ihrem Machtgefälle zu einem Wettkampf um die Manipulation, und ist dann als 'Kooperation nach dem Konkurrenz-Prinzip' praktisch als doppelt falsche Kooperation zu betrachten.

3. Sie bringt Menschen dazu, Dinge zu tun, die sie weder als notwendig ansehen, noch als angenehm empfinden. Ihre Persönlichkeit wird also einfach ignoriert. Die künstliche Kooperation kann ohne weiteres dazu eingesetzt werden, Menschen Dinge tun zu lassen, die sogar sehr unangenehm für sie sind und/oder bei denen sie eigentlich überzeugt sind, daß man sie *nicht* tun sollte. Die wichtigen Funktionen der Gefühle und des Denkens, die das menschliche Handeln steuern, diese unentbehrlichen Sicherheitsventile der Gesellschaft, werden damit förmlich ausgehebelt.

Das kann dazu führen, daß die Menschen lernen, ihre eigene Persönlichkeit zu verleugnen bis zum Grad der automatischen äußerlichen Kooperation, was bei ihnen zu unterentwickelten emotionalen und geistigen Fähigkeiten führt. Das wird die Qualität des Gesellschaftslebens allgemein negativ beeinflussen.

4. Künstliche Kooperation kann immer rituellere Formen innerhalb der Gesellschaft annehmen, und statt es mit der guten Methode zu versuchen, wird stets nur noch die schlechte angewandt, um Kooperation zu erlangen. (In den extremsten Fällen führt dies vom Handel bis hin zur hochgradig ritualisierten Quantifizierung der Kooperation, in betroffenen Gesellschaften mit dem Terminus „Geld" bezeichnet.)

5. Da die schlechte Methode erlaubt, Menschen Dinge tun zu lassen, die sie als negativ auffassen und empfinden, ist sie perfekt geeignet, um strukturelle Machtmuster zu installieren, die Teufelskreise äußerer Kooperation einrichten, so daß mit äußerer Kooperation äußere Kooperation erreicht wird und so weiter.

Heilung

Was kannst du tun, wenn die Gesellschaft an künstlicher Kooperation 'erkrankt' ist?

1. Vor allem verwende du selbst nicht die schlechte Methode, um Kooperation zu bekommen (außer du kommst nur noch über entsprechende Rituale an andere Menschen heran).

2. Versuche, Situationen künstlicher Kooperation zu minimieren; übe dich in echter Kooperation.

3. Hinterfrage Drohungen, Wenn-Sonst-Behauptungen und Versprechen gründlich. Selbst wenn du künstliche Kooperation nicht vermeiden kannst, sei dir deiner wahren Einstellung der Handlung gegenüber bewußt. Würdest du sie auch ausführen, wenn keine Drohung bestünde? Kannst du der Drohung wirklich nicht ausweichen? Ist die Wenn-Sonst-Behauptung wirklich richtig? Ist das Versprechen wirklich das Verleugnen deiner Persönlichkeit wert? Und so weiter.

4. Finde oder erschaffe Alternativen. Ein ernstes Problem mit solcherart erkrankten Gesellschaften ist die Bereitschaft, anderen zu schaden, die für wirksame Drohungen vorhanden sein muß. Versuche diesen künstlichen, menschgemachten Problemen zu entfliehen, indem du menschliche Alternativen erschaffst.

5. Versuche, Andere dazu zu bringen, daß sie sich der Unterschiede zwischen echter und künstlicher Kooperation gewahr werden.

A.4.2.3. Verbote

Verbote zielen nicht unbedingt auf Kooperation ab, sondern sind oft tatsächlich nur dazu gedacht, Andere (meist Kinder) zu schützen. Aber auch beim Verbieten gibt es einen guten und einen schlechten Weg.

- Zuerst der schlechte: „Unterlasse X, *sonst* wird Y geschehen!", oder wenn es noch schlimmer, nämlich als persönliche Drohung, formuliert wird: „Unterlasse X, sonst werde ich dir Y antun!"

    Das schlechte Verbot baut auf die **Furcht**.

- Die gute Art wäre: „Du solltest X unterlassen, *weil* ...", wo der angegebene Grund ein direkter ist, wahr und verständlich.

    Das gute Verbot baut auf die **Vernunft**.

Ein Verbot gleich welcher Art kann durch rationales Nachdenken hinterfragt werden („Warum sollte ich es nicht tun? Gibt es Wege, es anders zu tun, so daß der Grund für das Verbot nicht mehr relevant wäre? Ist der mir mitgeteilte Grund überhaupt richtig?" ...), teilweise motiviert durch Gefühle („Aber ich verspüre den Wunsch es zu tun, und es scheint nicht wirklich schlecht zu sein.").

Negatives Verbieten führt zu irrationalen Ängsten, Unsicherheit und einer schwer zu überwindenden inkongruenten Weltsicht. Das Kind lernt nicht, die möglichen Auswirkungen seines Handelns als solche zu bedenken, sondern schaut nur, daß es Lücken findet, wo es nicht bestraft oder bedroht wird.

Positives Verbieten fördert die Vernunft, das Verstehen und das verantwortliche Handeln. Das Kind lernt logisch und rational zu denken, was es ihm ermöglicht, sich selbst Verbote zu schaffen, wo sie aufgrund realer Gefahren oder ethischer Forderungen notwendig sind.

A.4.3. Ergonomismus als Leitprinzip

Natürlich könnte man einen Hammer verwenden, dessen Stiel eine einfache rechteckige Form hätte. Leichter herzustellen wäre so was allemal. Aber wenn man ihn einige Zeit nutzt, werden die Hände zu schmerzen beginnen und man wird sehr leicht Blasen bekommen. Zudem hat man keine perfekte Kontrolle über das Werkzeug; es fühlt sich nicht wie eine natürliche Erweiterung des Armes und der Hand an, und läßt sich auch nicht so bewegen.

Deshalb wird dem Stiel eine Form gegeben, die gleichzeitig die Belastung für die Hände minimiert und die Kontrolle über das Werkzeug maximiert. Mit solch einem ergonomischen Stiel treten Blasen sehr viel seltener auf, und man kann die Energie des Hammers wesentlich besser aufs Ziel steuern.

Obwohl dies bereits als Teil des Konstruktiven Utopismus angesehen werden kann (siehe den utopischen Wunschzettel, speziell das Vermeiden und Lösen von Problemen), so kann es auch als Allegorie für die gesamte Gesellschaft dienen. Auf den obigen Bildern wird man in beiden Fällen einen Hammer erkennen, und es scheint keinen so großen Unterschied zu geben. Erst auf den zweiten Blick, genauer gesagt wenn man sich vorstellt, sie tatsächlich zu benutzen, kommt man dem fundamentalen Unterschied zwischen beiden auf die Spur.

Der Mensch *kann* den unergonomischen Hammer benutzen — oder in einer unergonomischen Gesellschaft leben, unergonomische Computerprogramme bedienen und so weiter — und wird zufriedenstellende Resultate liefern. Aber doch ist das fern vom erreichbaren Optimum! Das Äquivalent zu Blasen lauert überall, wo es an Ergonomie mangelt, an richtiger Anpassung an den Menschen. Und erst wenn man einmal einen ergonomischen Hammer verwendet hat, wird man wissen, was für eine bessere Kontrolle dieser einem gibt.

Ergonomie bedeutet nicht, daß alles einfach von alleine passiert. Ob ergonomisch oder nicht, man muß zuerst einmal den Umgang mit einem Hammer lernen. Wenn man nur den unergonomischen Hammer von oben kannte, wird man praktisch sofort den ergonomischen einsetzen können, da sie sehr ähnlich sind, und wird überrascht sein, wie gut das plötzlich geht. Aber wenn man zuvor nur mit einem einfachen Stein gehämmert hätte, müßte man erstmal lernen, wie man einen Hammer mit Stiel benutzt.

Das Leitprinzip hinter dem Konstruktiven Utopismus könnte man „Ergonomismus" nennen, das Bestreben, eine Gesellschaft (was auch so einfache Dinge wie Werkzeuge einschließt) zu erschaffen, die optimal dahingehend gestaltet ist, daß sie auf den Menschen paßt; im Gegensatz zur üblichen willkürlichen Gesellschaft, die praktisch das historische Ergebnis einfach eines trägen Chaos ist, und vom Menschen die Anpassung an die Gesellschaft erfordert, oftmals unter Verletzung des Komforts, und manchmal sogar das Überleben bedrohend.

B. Zweiter Teil:
Utopische Entwürfe

B.1. Panokratie – eine Beispiel-Utopie

Im Jahr 1991 veröffentlichte ein Punk namens Tobi Blubb, auch bekannt als Diplom-Informatiker Tobias Breiner, ein Buch mit dem Titel „Panokratie". Dieses subkulturelle Buch (jedes Kapitel beginnt mit einem durchgeknallten Cartoonbild), geschrieben in einem einzigartigen humorvollen Stil reich an Wortspielereien, enthält viele Informationen neben der eigentlichen Vorstellung seiner Utopie namens Panokratie.

Zuerst zu erwähnen ist die umfangreiche Gesellschaftskritik, zu Themen wie dem dualistischen Denken (das die Welt auf Grundlage willkürlicher, oft religiöser/kultureller Symbolik in gut und böse einteilt), den Massenmedien, Religionen, der Instabilität der Marktwirtschaft, zu Methoden und Zielen der Bildung, zu Gewalt und Grausamkeit, Gesetz vs Gerechtigkeit/Ethik, der Pharmaindustrie, Tierversuchen, manipulativer Sprache, Auswirkungen des Autoverkehrs (Gefahren/Unfallopfer, Verschmutzung usw), Atomkraftwerken, Umweltverschmutzung, Soziopsychologie und so weiter. Daneben gibt es eine Erläuterung der Punk-Subkultur, sehr viele Informationen über Drogen (einschließlich einer Kritik an der Rolle, die sie in der Politik spielen, indem sie die Massen betäuben, die Zahl der Gewaltdelikte in die Höhe treiben und die Hartherzigkeit vieler Führer verstärken), über Hanf als Nutzpflanze (viele Produkte, die heute aus Erdöl hergestellt werden, könnten auch aus Hanf und anderen nachwachsenden Rohstoffen erzeugt werden), über Gesundheit und Ernährung, diverse Gedanken über Sprache (einschließlich der Voraussetzungen für eine Welthilfssprache) und vieles mehr.

Und schließlich gibt es noch ein ganzes Kapitel zu einer Weltverschwörungstheorie (dem Illuminaten-Orden), an welche Tobi Blubb offenbar glaubte, als er das Buch schrieb.

Zwischen all diesen etwas chaotisch zusammengestellten Informationen (in einer Form, die man mag oder nicht) erklärt Tobi Blubb seine Utopie, die viele hervorragende Konzepte enthält, so daß sie als ein guter Einstiegspunkt in die praktische Seite des Konstruktiven Utopismus dienen kann. Zuerst werde ich auf jene Teile des Buches etwas näher eingehen, die mit der Utopie nicht direkt etwas zu tun haben, aber hilfreich sind, um sie besser zu verstehen, und dann werde ich zusammentragen, wie Tobi Blubbs Panokratie aussieht. Bei jedem Thema werde ich zuerst TBs Darstellung präsentieren, und dann gegebenenfalls meine eigenen Kommentare, Kritiken und weitere Erklärungen oder Ideen anfügen.

Die Panokratie ist *nicht* die schlußendliche Lösung für unsere Aufgabe, eine konstruktive Utopie zu finden, sondern lediglich ein Beispiel, auf dem wir aufbauen werden. Viele Gedanken und Konzepte Tobi Blubbs kommen dem Ideal bereits nahe, aber die gesamte Utopie benötigt noch einiges an Verfeinerungen, Ergänzungen und Korrekturen aus anderen Konzepten, die wir in späteren Kapiteln erforschen werden.

B.1.1. Ausgewählte Themen aus dem Buch „Panokratie"

B.1.1.1. Autarchiegenese

[S.12ff][1] Das Buch beginnt mit einem soziopsychologischen Phänomen namens Autarchiegenese[2], dem Fakt also, daß Machthierarchien ganz natürlich und scheinbar von selbst in Gesellschaften entstehen[3]. Tobi Blubb erinnert den Leser daran, daß nahezu überall in der Natur, zwischen Tieren wie auch in vielen menschlichen Stämmen Hierarchien bestehen[4]. Ausnahmen lassen sich recht schwer finden — eine ist etwa eine Gruppe sehr guter Freunde, die sich jeweils vollkommen respektieren und unterstützen.

Der Mensch hat hochentwickelte Gesellschaften hervorgebracht, er hat unglaubliche Technologien sowie eine fortgeschrittene Medizin entwickelt und so weiter.

---

[1] Alle Seitenzahlen beziehen sich auf die dritte Auflage (veröffentlicht September 1998).

[2] auto = von selbst; archos = Führer; genesis = Entstehung

[3] Dies ist besonders hervorzuheben, da die meisten utopischen Denker diesen Fakt entweder vergessen oder ignorieren. Jedes Gesellschaftssystem wird langsam aber sicher mit der Zeit in eine hierarchische Form übergehen, wenn es nicht bewußt so angelegt ist, daß es die Autarchiegenese unwirksam macht.

[4] Zahlreiche Gegenbeispiele (Tierkolonien, diverse primitive Menschenstämme und so weiter) finden sich in „Gegenseitige Hilfe in der Tier- und Menschenwelt" von Fürst Pjotr Kropotkin.

Warum aber existieren dann immer noch Machthierarchien, die so klar zur Ausbeutung der großen Mehrheit führen?[5] TBs Antwort lautet *adulte Infantilität*[6]. Die Menschen werden in eine überwältigend komplexe und technologische Gesellschaft hineingeboren, so daß sie sich tief im Inneren machtlos und dumm vorkommen müssen. Der Mensch hat eine Welt erschaffen, die zu weitentwickelt und zu groß zu sein scheint, um sie wirklich verstehen zu können, und sie scheint jeden Einzelnen praktisch unwichtig zu machen.

TB schlußfolgert daraus, daß die meisten Menschen unter der Oberfläche kleine Kinder bleiben[7] (was der Terminus 'adulte Infantilität' ausdrückt), die ständig nach Ersatz-Eltern suchen, welche sie führen — selbst auf Kosten des Herumgeschubst- und Ausgenutztwerdens.

---

[5] Die Ausbeutung besteht in dem extremen Ungleichgewicht in dem Vermögen, von dem Anderen Kooperation zu erlangen (auf indirekte, negative Art). Die Mächtigeren haben sehr viel mehr Freiheit, und ihre Wünsche lassen den weniger Mächtigen deutlich weniger Freiheit (Wahlmöglichkeiten).

[6] adult = erwachsen; infantil = kindlich

[7] In dem Grundmodell der Transaktionsanalyse wird die Persönlichkeit in drei Komponenten eingeteilt, das „Kindheits-Ich" (Impulspsyche), „das Eltern-Ich" (Ritualpsyche) und das „Erwachsenen-Ich" (Rationalpsyche). Jede hat ihre Bedeutung für bestimmte Zwecke, aber eine Störung oder ein Ungleichgewicht führt je nach Art zu jeglicher Form von Konflikten bis hin zu schweren geistigen Störungen. Der Adult-Infantile berücksichtigt fast immer zuerst sein Kindheits-Ich (Gefühle, Impulse, Bequemlichkeit und so weiter), dann das Eltern-Ich (Befolgen gesellschaftlicher Regeln, Imagepflege usw) und erst zum Schluß, wenn überhaupt, das Erwachsenen-Ich (rationales Denken, Hinterfragen von Informationen usw). Der gesündeste Zustand wäre eine ausbalancierte Persönlichkeit, die zuerst das Erwachsenen-Ich, und dann je nach Situation passend das Kindheits-Ich oder das Eltern-Ich in den Vordergrund läßt.

Ein Umstand, den schon Sigmund Freud entdeckte[8]. Manche Menschen erscheinen durch ihr Aussehen oder ihr Verhalten mächtiger als andere, und dienen einigen als Projektion derer Eltern[9]. Jene wollen dann oft einfach nicht wahrhaben, daß ihre Führer die Welt in der Regel auch nicht besser verstehen als sie selbst.

Nachdem er zeigt, daß Autarchiegenese und Machthierarchien in Tierverbänden für alle Mitglieder vorteilhaft sein können (da die Gruppen meist klein sind und der Anführer normalerweise den Interessen der Anderen zuarbeitet), gibt TB mehrere Gründe, warum sie von der Menschheit überwunden werden sollten – vor allem die Komplexität sowohl der Gesellschaft als auch der individuellen Persönlichkeiten (was den Umstand beinhaltet, daß menschliche Anführer in großen Gesellschaften oft *gegen* die Interessen der Massen arbeiten).

Machthierarchien können zu einem Verlust an individuellen Gedanken, Fertigkeiten, Interessen, Fähigkeiten und so weiter führen, was den ideellen Reichtum der Gesellschaft verringert. Aus diesem Grund sollte das Ausschalten der Autarchiegenese ein wichtiges Ziel bei dem Entwurf einer Utopie sein.

---

[8] Er fand ein Phänomen namens Übertragung, welches bedeutet, daß Gefühle (und daraus folgend auch Verhalten), die für eine bestimmte Person empfunden werden, manchmal auf eine ganz andere Person (etwa ähnlichen Aussehens oder Verhaltens) projiziert werden.

[9] Was einen Teufelskreis auslöst. Die Elternfigur beginnt sich als wichtiger zu empfinden, was jene Eigenschaften verstärken wird, die ihr die besondere Beachtung durch Andere eingebracht haben, während diese dadurch wiederum die Elternfigur als noch eindrucksvoller empfinden, was ihr unterordnendes Rollenverhalten weiter verstärkt.

B.1.1.2. Abwärts- und Aufwärtssystem

[S.34] Neben der politischen Einteilung in „links" und „rechts", gibt es eine sehr viel wichtigere Dimension, die als vertikale Richtung bezeichnet wird: abwärts bzw aufwärts.

Alle bekannten Staaten sind abwärtsregiert, was bedeutet, daß manche Menschen über andere Menschen entscheiden, was in jedem Winkel der Gesellschaft Machtpyramiden erzeugt.

Die meisten anarchistischen[10] Utopien — einschließlich der echten („direkten") Demokratie und der Panokratie — streben eine Aufwärtsregierung an, was bedeutet, daß jeder vollständig an der Politik (öffentlichen Angelegenheiten) teilnimmt und niemand über andere entscheidet[11].

---

[10] im Sinne von „ohne Führerschaft / frei von Machtwillkür"

[11] Das bedeutet nicht, daß es keinerlei Regeln gäbe. Würde das Verhalten einer Person die Gesundheit oder das Leben anderer Menschen gefährden, oder die anderen auch nur einfach nerven, dann würden jene dagegen vorgehen. Aufwärts-Politsysteme sind nicht dazu gedacht, Angreifern und Belästigern ungestörte Jagdgründe zu verschaffen. Daß niemand über andere entscheiden solle, trifft nur auf Situationen zu, in die nicht beide Parteien direkt einbezogen sind. Ein wichtiges Motto der Aufwärtspolitik lautet: **Je mehr jemand von etwas betroffen ist, desto mehr Freiheit soll ihm gegeben werden, um für sich selbst darüber entscheiden zu können.**

B.1.1.3. Tabellarischer Systemvergleich

[S.38] Die folgende Tabelle von Tobi Blubb mag nicht in jedem Detail korrekt sein (schon ich würde so manches anders bewerten), gibt aber einen interessanten Überblick über verschiedene mögliche Qualitätskriterien einer Gesellschaft. Für eine bessere Struktur habe ich die Zeilen und Spalten etwas umgeordnet. Von den ursprünglich 18 Zeilen habe ich zudem nur die 11 wichtigsten ausgewählt.

Folgende Systeme werden verglichen:

K = Kapitalismus (Bundesrepublik Deutschland)

F = Faschismus (Drittes Deutsches Reich)

S = Sozialismus (Deutsche Demokratische Republik)

A = konventionelle Anarchie (Utopie)

P = Panokratie (Utopie)

	K	F	S	A	P
Demokratie	parlamentarisch	nicht existent	nicht existent	ungelöst	direkt
Meinungsfreiheit	ja	nein	jein	ja	ja
Pressefreiheit	jein	nein	nein	ja	ja
Reisefreiheit	ja	ja	nein	ja	ja
Zuzugsfreiheit	nein	nein	ja	ja	ja
Abzugsfreiheit	ja	nein	nein	ja	ja
Hierarchiefreiheit	nein	auf keinen Fall	nein	ja	ja
Pluralismus[12]	jein	nein	nein	ja	ja
Wirtschaft	Markt~	Markt~	Plan~	Tausch~	Schenk~
Politstabilität	ja	ja	jein	nein	ja
Katastrophensicher	nein	nein	nein	jein	ja

---

[12] Pluralismus: ein Zustand, in dem viele verschiedene Gruppierungen mit je eigenen Vorstellungen, Werten und eigener Kultur zusammenleben

B.1.2. Elemente der Panokratie

Auf Seite 36 beschreibt Tobi Blubb die Panokratie als seinen Versuch, eine moderne politische Alternative zu den bestehenden Systemen zu formen, wobei er sich der Ideen verschiedener klassischer Denker und Utopisten bediente und sie um heutige wissenschaftliche Erkenntnisse erweiterte, um ein realistischeres Gesellschaftsmodell zu erhalten, das sowohl aufwärtsregiert ist als auch allen Komfort der Hochtechnologie bietet.

Den Namen hat er aus den folgenden griechischen Komponenten gebildet:

- pan = alles
- ana = aufwärts
- kratein = regieren

Ich empfehle sehr, die unten aufgeführten Elemente der Panokratie eingehend zu studieren, da ich mich in späteren Kapiteln auf einige davon beziehen werde.

B.1.2.1. Subsidiarzellebenen – Organischer Föderalismus

Fangen wir doch gleich mit dem an, was man als den Kern der Panokratie betrachten kann. Und obwohl es ziemlich viele Wörter und Konzepte sind, die ich hier vorstellen werde, wirst du sie leicht verstehen, da sie alle auf der gleichen logischen Struktur beruhen, die eben gar nicht schwer zu verstehen ist.

Nach diesem Kapitel wirst du wissen, was Moy, Poy, Fay, Sur, Hyper, Exo, Terra und Tjo in der Panokratie bedeuten.

Die jeweiligen Definitionen unten stammen nicht aus Tobi Blubbs Feder. Ich formulierte sie selbst anhand seiner ausführlicheren Beschreibungen.

Auf Seite 72 schildert Tobi Blubb sehr anschaulich die soziopsychologischen Probleme der heutigen Welt, und wie die Welt der „Wilden" da anders war. Heute sind viele Menschen nicht wirklich sozial eingebunden. Die Welt des Buschmanns war vergleichsweise klein – ein paar andere Menschen, und eine Erde, die nicht größer war als man in ein paar Tagen oder Wochen laufen konnte. Heute gibt es noch nicht einmal mehr einen richtigen Horizont – wissen wir doch, daß die Erde eine Kugel ist. Schlimmer noch, „hängt" dieser Ball doch einfach so im leeren Raum und dreht öde seine Kreise um eine Sonne wie es sie zu Milliarden und Abermilliarden im unendlichen Raum und in der unendlichen Zeit gibt, jede andere von ihnen für die Menschheit unerreichbar weit entfernt. Der heutige Mensch lebt in dem Wissen, nur einer von Milliarden Menschen auf diesem Planeten zu sein, und für alle bis auf eine handvoll gibt es das zusätzlich bedrückende Wissen, daß sie ersetzbar sind. Andere könnten ihre Arbeit machen; wenn ihre romantische Beziehung in die Brüche geht, wird ein anderer ihren Platz einnehmen. So ist es leicht, sich absolut unwichtig zu fühlen und depressiv zu werden.

Viele Menschen — aber eben bei weitem nicht alle — haben genügend soziale Bindungen, die sie davor schützen — Familie wie auch Freunde. Und doch gibt es viel weniger sozialen Austausch, als sich die meisten Menschen wünschen würden. Oft sind die Freunde und Verwandten nicht „verfügbar", entweder weil sie weit weg wohnen oder anderes zu tun haben. Anders im „wilden" Stammesleben. Jeder ist nah, und keiner ist so dermaßen beschäftigt. (Natürlich hat das Stammesleben auch einige Nachteile, aber die Panokratie will ja auch gar nicht wirklich zum Stammesdasein zurück.)

Tobi Blubb schlägt nun vor, das moderne Wissen mit einer zu definierenden Struktur zu verbinden, welche die Vorteile der Stammesgesellschaft hätte und gewissermaßen ein „Psychoschneckenhaus" im positiven Sinne schaffen würde. Ein trautes Heim und ein Rahmen für dich selbst und dein Leben, der dir immer genug soziale Kontakte garantieren würde und dich niemals in ein depressives Loch der Unwichtigkeit oder Ersetzbarkeit fallen ließe. Den Kern dieser Struktur nennt er *Moy*.

B.1.2.1.a. Moy

[S.73ff] Das Wort Moy steht für englisch „<u>M</u>inimal <u>O</u>rgan of <u>Y</u>ielding"; frei übersetzt meint Tobi Blubb damit „kleinste Einheit, die Unterstützung und jegliche zum Leben notwendigen Dinge und Hilfsleistungen gewährt".

Eine Moyzelle (Zelle im Sinne von organischem Leben!) kann wie folgt definiert werden: **Eine Gruppe von Menschen, die aus freien Stücken zusammen leben und sich untereinander die meiste Zeit über sympathisch genug sind, um zum Nutzen aller beitragen zu wollen; klein genug für eine enge soziale Beziehung zu allen anderen Mitgliedern, und groß genug um Ausweichmöglichkeiten zu bieten falls es zu Problemen zwischen zwei Individuen kommen sollte.**

Auf welche konkrete Art und Weise die Individuen einer Moyzelle *zusammen leben*, also wie ihre sozialen, emotionalen, intimen und/oder sexuellen Beziehungen zueinander aussehen, ist Sache der Moyzelle, und nur ihrer allein. Keine willkürlichen externen kulturellen Prinzipien oder Moralgesetze sollten in die Moy-Freiheit eingreifen. Die einzigen Bedingungen, die erfüllt sein müssen, sind in obiger Definition genannt. (Naturgesetze, Ethik und so weiter werden allerdings natürlich *nicht* ausgehebelt. Die Moy-Freiheit bezieht sich „nur" auf die zwischenmenschlichen Beziehungen und Interaktionen.)

Allem voran muß gewährleistet sein, daß die Individuen wirklich freiwillig in dieser Gruppe leben. Anstatt über die Natur der Freiwilligkeit zu theoretisieren (was ein sehr interessantes Thema für philosophische Diskussionen sein kann), sollten wir an diesem Punkt definieren, daß Freiwilligkeit im Sinne der Moy-Definition dann gegeben ist, wenn das Individuum über alle möglichen alternativen Wege und Orte zum Leben Bescheid weiß und sich dennoch aus seinen eigenen intellektuellen Überlegungen und emotionalen Gefühlen heraus für seine momentane Moyzelle entscheiden würde.

Sich auf anthropologische Studien beziehend schreibt Tobi Blubb, daß eine Gruppe von weniger als etwa **15** Individuen den meisten Menschen auf Dauer als zu klein erscheinen dürfte, als zu beengend und nicht ausreichend.

Falls Probleme zwischen Individuen aufträten, gäbe es zu wenig Andere, zu denen man ausweichen könnte, und die Spannungen würden den Zusammenhalt der Moyzelle bedrohen, da sich die Mitglieder mehr und mehr auf die Ketten gingen.

Gruppen von weit mehr als etwa **50** Individuen dürften auf die meisten Menschen zu anonym und abstrakt wirken, und das emotionale Psychoschneckenhaus wäre nicht mehr optimal behaglich.

Die meisten solcher Gruppen würden mit der Zeit von selbst in kleinere Gruppen aufbrechen.

Deshalb wird eine Moyzelle in den meisten Fällen zwischen 15 und 50 Mitglieder aufweisen. Tobi Blubb verwendet in seinen Beispielen einen Richtwert von **25**, an den ich mich ebenfalls halten werde.

Da eine Moyzelle normalerweise nicht im luftleeren Raum weit abseits vom Rest der Menschheit existiert (dazu kommen wir gleich), ist es nicht nötig, daß sie alle Generationen enthält oder ein ausgewogenes Verhältnis aus weiblich und männlich ist, oder aus sonst irgendeiner Einteilung. Sie könnte genausogut nur aus Frauen oder nur aus Männern bestehen, nur aus Teenagern oder Greisen und so weiter. Jede Gruppierung, die Menschen *wollen*, wird wahrscheinlich für sie funktionieren. (Dennoch gehe ich davon aus, daß die meisten Moyzellen eher eine ausgewogene Mischung aus den Geschlechtern und Altersgruppen sein würden.)

Eine Moyzelle ist genaugenommen eine Kombination aus Familie und Freundeskreis. Die Verbundenheit dürfte stark genug sein, daß etwa das Großziehen von Kindern und das Pflegen der Alten recht gleichverteilt von allen gemeinsam übernommen wird. Die Eltern eines Kindes bekommen Hilfe und Unterstützung von den anderen Mitgliedern. Gewalt, wie sie heutzutage in vielen Familien üblich ist, würde nicht mehr vorkommen. Erstens, weil die Eltern viel weniger gestreßt wären und sehr viel mehr Freizeit hätten. Zweitens, weil die Kinder andere erwachsene Freunde hätten, zu denen sie gehen und mit denen sie reden könnten. — Es gibt noch eine ganze Reihe weiterer Gründe, aber diese werden wir in späteren Kapiteln erforschen (allerdings nicht explizit auf dieses Beispiel hier bezogen).

Auf Seite 75 argumentiert TB, daß es innerhalb der Moyzelle wichtig ist, daß jedes Mitglied seine eigene Privatsphäre hat, seinen eigenen von ihm von innen wie von außen verschließbaren Raum. Die Möglichkeit, seine Privatsphäre zu schützen, wenn man möchte, alleingelassen zu werden (sei es zum Nachdenken, Lesen, Arbeiten oder sonstwas), muß unbedingt garantiert sein, da sonst selbst in einer Moyzelle sozialer Streß und Spannungen auftreten würden.

Und schließlich sollte jede Moyzelle Subsistenz anstreben, also die gesamte von ihr benötigte Nahrung selbst anbauen und das gesamte benötigte Trinkwasser selbst gewinnen, wenn möglich. Auf jeden Fall sollte die Moyzelle im Falle einer Naturkatastrophe im Stande sein, mehrere Monate ganz auf sich gestellt zu überleben. Auch Expeditionsteams könnte man als Moyzelle auffassen, wenngleich eine Moyzelle länger bestehen wird (möglicherweise ein ganzes Leben lang).

B.1.2.1.b. Poy

[S.76ff] Das Wort Poy steht für englisch „Post Organic Yielding"; frei übersetzt soll dies bedeuten „nächst größere Einheit, die Produkte und Dienstleistungen über der reinen Existenzsicherung bereitstellt".

Eine Poyzelle kann wie folgt definiert werden:

Ein funktionaler und kultureller Verbund aus mehreren Moyzellen; klein genug, daß sich alle Mitglieder untereinander kennen und als Gemeinschaft fühlen, groß genug, um alle grundlegenden Bedürfnisse der Subsistenz und Kultur befriedigen zu können.

Eine Moyzelle kann einer Poyzelle beitreten, wenn die Poyzelle dem zustimmt; sie kann die Poyzelle jederzeit von sich aus wieder verlassen, und kann unter Umständen — je nach der Poyzellpolitik — von der Poyzelle ausgeschlossen werden. (Etwa wenn die anderen Moyzellen das Gefühl haben, daß diese Moyzelle nur nimmt und nie gibt.) Die einzige allgemeingültige Regel lautet: Nur Moyzellen (und nicht etwa einzelne Personen) können Mitglieder von Poyzellen sein. Alle anderen Regeln zur Poyzellmitgliedschaft sind allein Sache der jeweiligen Poyzelle. Auf Seite 78 schlägt Tobi Blubb etwa Initiationsriten vor (die natürlich weder Körper noch Psyche schädigen dürfen).

Tobi Blubb geht davon aus, daß eine Poyzelle aus mindestens 15 Moyzellen bestehen wird, und höchstens aus 50. Als Richtwert nimmt er wieder die 25.

Als *absolutes Minimum* könnte eine Poyzelle aus nur 15 Moyzellen mit jeweils nur 15 Personen bestehen: insgesamt 225 Personen.

Als *absolutes Maximum* könnte eine Poyzelle aus vollen 50 Moyzellen mit jeweils vollen 50 Personen bestehen: insgesamt 2500 Personen.

Ethnographische Studien zeigen, daß Menschen für gewöhnlich in Verbänden von rund 500 Individuen zusammengelebt haben. Ich werde daher davon ausgehen, daß wo eine eher kleine Moyzelle einer Poyzelle beitritt, auch eine eher große Moyzelle vorhanden ist, und die mittlere Moyzellgröße in jeder Poyzelle etwa dem Richtwert von 25 entspricht.

Dies führt zu dem *Normalminimum* von 15 Moyzellen mit jeweils durchschnittlich 25 Personen: insgesamt **375** Personen;

und analog zu dem *Normalmaximum* von 50 Moyzellen mit jeweils durchschnittlich 25 Personen: insgesamt **1250** Personen.

Die *Standardgröße* einer Poyzelle errechnet sich mit 25×25 zu **625** Personen.

Auf den Seiten 77ff erläutert Tobi Blubb die fünf Grundfunktionen der Poyzelle:

1. **Freundschaften:** In einer Poyzelle kennen sich alle untereinander, wenigstens vom Sehen her. Die Moyzelle ist zwar ein wesentlich wichtigerer Teil des Selbst (bzw umgekehrt), aber natürlich wird es auch mehr oder weniger enge Freundschaften mit anderen Leuten aus der gleichen Poyzelle geben. Und auch die Poyzelle selbst wird als wichtiger Teil des Selbst angesehen werden, quasi als „Heimat". Deshalb werden die Menschen nicht nur ihren tatsächlichen Freunden helfen, sondern auch Anderen aus ihrer Poyzelle. Um diese Funktion zu fördern, schlägt Tobi Blubb regelmäßige (etwa monatliche) Poyzellfeste vor. Man denke dabei zB an Tanz und Kulturdarbietungen.

2. **Polykultur:** Durch das Leben als Gemeinschaft werden sich sehr wahrscheinlich kulturelle Eigenheiten herausbilden. So etwa eine Moderichtung in Kleidung, Musik, Literatur, Speisen oder anderem. Geographische Merkmale (Wetter, Vegetation und so weiter) werden die lokale Kultur nicht unwesentlich beeinflussen. Dennoch sollte das Individuum stets Vorrang vor der Poyzellkultur haben. Daher: *Poly*kultur.

3. **Sexualität:** Tobi Blubb nimmt an, daß jede Poyzelle auch ihre jeweils eigene Sexualkultur haben wird, also eigene Tabus, Freiheiten und Gebräuche im Sexuellen.

4. **Versorgung:** Da jede Moyzelle über jeweils eigene Fähigkeiten und eigenes Wissen in Sachen Produktion und Dienstleistungen verfügen wird, müssen sie miteinander kooperieren und andere Moyzellen innerhalb der Poyzelle mit dem versorgen, was sie benötigen. Nur dann wird es eine funktionierende Poyzelle sein, ein funktionaler Verbund wie in der Definition verlangt.

> Wie das sichergestellt werden kann, werde ich im Detail in einem späteren Kapitel aufzeigen, wenn ich meine eigenen Konzepte vorstelle (die über die Panokratie hinausgehen).

5. **Versicherung:** In Erweiterung der Versorgungsfunktion werden sich alle Moyzellen einer Poyzelle untereinander unterstützen, wenn eine von ihnen in Schwierigkeiten gerät. Wenn zum Beispiel ein Feuer ausbricht oder die Nahrungsvorräte unbrauchbar werden, werden die nicht betroffenen Moyzellen die betroffenen mit allem unterstützen, was sie zur Rettung brauchen.

Wie oben schon erwähnt, schlägt Tobi Blubb Initiationsriten für den Beitritt zu einer Poyzelle vor. Wozu sollten diese aber gut sein?

Initiationsriten (S.78) ...

- symbolisieren den Beginn eines neuen Lebensabschnitts für die neuen Mitglieder
- erleichtern den Abschied von der alten Poyzelle
- können ein Symbol für einen Neuanfang sein, und eine möglicherweise negative Vergangenheit leichter bewältigen helfen
- schaffen von Anfang an eine Bindung zwischen allen Poyzellmitgliedern, alten wie neuen
- zwingen die neuen Mitglieder, sich mit der Poyzellkultur und -geschichte auseinanderzusetzen
- reduzieren Poyzellmigrationen signifikant, da es zu stressig wäre, jede Woche die Poyzelle zu wechseln
- stellen sicher, daß die neu Dazugekommenen von Anfang an als vollwertige Mitglieder integriert und respektiert werden

B.1.2.1.c. Fay

[S.80] Das Wort Fay steht für englisch „<u>F</u>irst <u>A</u>nonymous <u>Y</u>ielding"; frei übersetzt „Erste Anonyme Versorgungsebene".

Eine Fayzelle kann wie folgt definiert werden: **Ein Verbund aus mehreren Poyzellen, der alle Non-Tech-Güter einschließlich Luxusartikeln und alle Dienstleistungen einschließlich Bildung und Unterhaltung zu bieten in der Lage ist.**

Die Größe folgt dem bekannten Schema. Eine Fayzelle besteht aus mindestens 15 Poyzellen, und aus nicht mehr als 50. Die Standard-Fayzelle hat 25 Poyzellen.

Absolutes Minimum: 15^3 = 3.375 Personen

Normalminimum: $25^2 \times 15$ = **9.375** Personen

Standardgröße: 25^3 = **15.625** Personen

Normalmaximum: $25^2 \times 50$ = **31.250** Personen

Absolutes Maximum: 50^3 = 125.000 Personen

Eine Fayzelle ist zu groß, um noch irgendwelche sozialen Funktionen zu haben. Tobi Blubb erläutert die Fayzelle nur als wirtschaftliche Einheit, die die Versorgung mit individuell gefertigten, qualitativ hochwertigen Handwerksgütern (im Gegensatz zur industriellen Massenproduktion) ermöglicht, was bedeuten würde:

A. handgefertigte Produkte höchster Qualität

B. auf die Wünsche des Nutzers maßgeschneiderte Produkte

C. Produkte von hoher Lebensdauer

was ökonomisch und ökologisch sehr vorteilhaft wäre (kein einziges fertiges Produkt wandert ungenutzt in den Müll, viel geringerer Rohstoffverbrauch, viel weniger Energieverbrauch bei Produktion und Transport, keine Energie und Arbeit für Werbung verschwendet, und so weiter).

Ich denke aber, daß eine Fayzelle auch die richtige Ebene für einfache Bildungs- und Unterhaltungsinstitutionen wäre, wie etwa eine kleine Bibliothek, Museen, und vielleicht eine Schule oder vielmehr ein Lernzentrum. Auch ein kleines Krankenhaus könnte zur Fayzelle gehören.

B.1.2.1.d. Sur

[S.81] Das Wort Sur (eigentlich eine Vorsilbe) bedeutet hier soviel wie „übergeordnet".

Eine Surzelle kann wie folgt definiert werden: **Ein Verbund aus mehreren Fayzellen, der die Versorgung mit allen benötigten Low-Tech-Gütern gewährleistet.**

Hier nun Tobi Blubbs Beispiele dafür, was er mit dem Wort „Low-Tech" meint:

- Rohstoffgewinnung für den Hausbau
- Produktionsmaschinen (etwa Bohrmaschine, Druckerpresse, Turbine, ..)
- Spezialwerkzeuge
- ambulante medizinische Behandlung
- Sonnenkollektoren
- elektronische Meßgeräte
- Gebrauchselektronik (zB Stereoanlage und Computer)
- Anwendungssoftware
- chemische Produkte (zB umweltverträgliche Reinigungsmittel)
- akademische Bildung
- Diskos; Vergnügungsparks

Vielleicht wunderst du dich auch, warum zum Beispiel Computer als „Low-Tech" (einfache Technik) eingestuft werden. Ich denke, der Grund liegt darin, daß es eben „low-tech" ist, einen Computer aus seinen Komponenten zusammenzubauen (und auf Sur-Ebene wird eben nur das getan) — die Herstellung mancher der Komponenten jedoch (ICs wie Prozessoren und Speicher, sowie Displays) ist ganz eindeutig „high-tech" (Hochtechnologie)!

Eine Surzelle besteht aus mindestens 15 Fayzellen und aus nicht mehr als 50. Die Standard-Surzelle hat 25 Fayzellen.

Absolutes Minimum: 15^4 = 50.625 Personen

Normalminimum: $25^3 \times 15$ = **234.375** Personen

Standardgröße: 25^4 = **390.625** Personen

Normalmaximum: $25^3 \times 50$ = **781.250** Personen

Absolutes Maximum: 50^4 = 6,25 Millionen Personen

Nach Tobi Blubb sollte sich jede Fayzelle auf eine beschränkte Zahl von Bereichen spezialisieren und für die gesamte Surzelle produzieren. Jeder Bereich sollte durch mindestens zwei Fayzellen abgedeckt sein, damit die anderen Fayzellen nicht von einer einzigen Fayzelle (die unter Umständen die Surzelle eines Tages verlassen könnte) abhängig sind.

B.1.2.1.e. Hyper

[S.81f] Das Wort Hyper (ebenfalls eigentlich eine Vorsilbe) bedeutet hier soviel wie eine Steigerung des Wortes „übergeordnet".

Eine Hyperzelle kann wie folgt definiert werden: **Ein Verbund aus mehreren Surzellen, der die Versorgung mit allen benötigten High-Tech-Gütern sowie die akademische Wissenschaft gewährleistet.**

Eine Hyperzelle besteht aus mindestens 15 Surzellen und aus nicht mehr als 50. Die Standard-Hyperzelle hat 25 Surzellen.

Absolutes Minimum: 15^5 = 759.375 Personen

Normalminimum: $25^4 \times 15$ = **5.859.375** Personen

Standardgröße: 25^5 = **9.765.625** Personen

Normalmaximum: $25^4 \times 50$ = **19.531.250** Personen

Absolutes Maximum: 50^5 = 312,5 Millionen Personen

B.1.2.1.f. Exo

[S.82] Das Wort Exo (wiederum eine Vorsilbe) bedeutet eigentlich soviel wie „außerhalb".

Eine Exozelle kann wie folgt definiert werden: **Ein Verbund aus mehreren Hyperzellen, um Großprojekte im Hochtechnologiebereich (zB Raumfahrt) durchzuführen und technologische Normen zu definieren.**

Eine Exozelle besteht aus mindestens 15 Hyperzellen und aus nicht mehr als 50. Die Standard-Exozelle hat 25 Hyperzellen.

Absolutes Minimum: 15^6 = 11.390.625 Personen

Normalminimum: $25^5 \times 15$ = **146.484.375** Personen

Standardgröße: 25^6 = **244.140.625** Personen

Normalmaximum: $25^5 \times 50$ = **488.281.250** Personen

Absolutes Maximum: 50^6 = 15,625 Milliarden Personen

B.1.2.1.g. Terra

[S.82f] Terra ist der italienische Name unseres Planeten Erde.

Die Terrazelle kann wie folgt definiert werden: **Ein Verbund aus mehreren Exozellen mit dem Ziel, das Ökosystem des Planeten als Biosphäre zu schützen.**

Die Terrazelle besteht aus mindestens 15 Exozellen und aus nicht mehr als 50. Die Standard-Terrazelle hat 25 Exozellen.

Absolutes Minimum: $15^7 = 170.859.375$ Personen

Normalminimum: $25^6 \times 15 = \mathbf{3.662.109.375}$ Personen

Standardgröße: $25^7 = \mathbf{6.103.515.625}$ Personen

Normalmaximum: $25^6 \times 50 = \mathbf{12.207.031.250}$ Personen

Absolutes Maximum: $50^7 = 781,25$ Milliarden Personen

B.1.2.1.h. Übersicht: Subsidiarzellebenen

Die Zahlen unter Normin, Standard und Normax bezeichnen die ungefähre ($\approx$) Anzahl an Personen.

Ebene	Name	Normin	Standard	Normax	vergleiche
1	Moy	15	25	50	Team, Familie, Sippe
2	Poy	400	600	1200	Dorf, Kommune
3	Fay	9 Tsd.	16 Tsd.	30 Tsd.	Kleinstadt
4	Sur	230 Tsd.	400 Tsd.	800 Tsd.	Großstadt
5	Hyper	6 Mio.	10 Mio.	20 Mio.	kleines Land
6	Exo	150 Mio.	250 Mio.	500 Mio.	Staaten-Union
7	Terra	4 Mrd.	6 Mrd.	12 Mrd.	Weltbevölkerung

Hast du Schwierigkeiten, dir die Reihenfolge zu merken? Versuchs doch mal mit: „Mein Papa findet seine Hosen einfach toll." ;)

B.1.2.1.i. Und Tjo?

[S.83] Tjo ist der Name, den Tobi Blubb für die panokratisch organisierte Gesellschaft wählte. Wenn es nichts außer einer einzigen Moyzelle gibt, dann ist diese Moyzelle gleich Tjo. Wenn es drei Moyzellen gibt, dann sind diese drei Moyzellen Tjo. Wenn es zwei Poyzellen gibt, dann sind diese Tjo. Und so weiter. Wenn der gesamte Planet Erde die Panokratie angenommen hat, dann wird die Terrazelle Tjo sein. Tjo ist die „Nationalität" der *topischen* Panokraten. Es wäre auch kein Problem, wenn es auf dem ganzen Planeten nur 75 Menschen gäbe, die in der Panokratie leben: 25 in einer Moyzelle in Polen, 25 in einer Moyzelle in Kenia und 25 in einer Moyzelle in Peru. Alle würden „in Tjo leben".

B.1.2.1.j. Patriotismus in der Panokratie

[S.84] Die besondere Struktur der Panokratie führt zu so manchen überraschenden positiven soziopsychologischen Effekten. Wo Patriotismus zuvor zu Haß und sogar Kriegen führen konnte, wird er nun wahrscheinlich vielmehr in die entgegengesetzte Richtung tendieren. Jemanden aus einer anderen Moyzelle zu hassen oder ihm sogar zu schaden, würde bedeuten, Haß und Leid in *deine* Poyzelle zu tragen. Mit deiner Poyzelle eine andere Poyzelle anzugreifen, würde bedeuten, deine *eigene* Fayzelle anzugreifen. Und so weiter. Letzten Endes ist jeder Mensch Teil *deiner* Terrazelle, deines Tjo. Das gilt ebenso für jedes Gebäude, jedes Kunstwerk und so weiter...

B.1.2.2. Demokratie – Entscheidungsfindung in Gruppen

Die Panokratie als ein aufwärts regiertes System ist eine sogenannte Direktdemokratie. Genau genommen ist sie überhaupt das, was das Wort Demokratie eigentlich meint. Griechisch *demos* = „das Volk" und *kratein* = „regieren". Demokratie heißt: „das Volk regiert selbst".

Anmerkung: Demokratie heißt *nicht*, „manche aus dem Volk sind die Regierung". Und ebensowenig „Regierung der Mehrheit", denn dies bedeutet nicht weniger als Faustrecht, das Recht des Stärkeren, und die Unterdrückung aller Minderheiten. Der Gedanke, die Mehrheit wäre das Maß dafür, was recht ist, folgt dem Denken des Krieges: wenn beide Parteien einen Krieg gegeneinander führten, würde die Mehrheit mit höherer Wahrscheinlichkeit obsiegen. Nur deshalb schreibt man ihnen das „Recht" zu in falschen Demokratien. Ein anderer Punkt ist die mögliche totale Inkompetenz der Mehrheit, über einen komplizierten Sachverhalt zu entscheiden. Alle intelligenten Lösungen – die in solchen Fragen nur von Minderheiten (Intellektuellen, Fachleuten, ...) kommen können – werden durch die schiere Masse der Inkompetenten niedergedrückt, sie bleiben ungehört und ungenutzt.

Ich halte Tobi Blubbs System, wie ich es unten vorstelle, nicht für eine optimale Lösung. Aber es ist Bestandteil seines originalen Panokratie-Konzepts, und ohne Frage sehr viel besser als das, was heute oft als Demokratie verkauft wird, also schauen wir es uns mal an...

Eine Grundregel lautet, daß Entscheidungen dort getroffen werden, wo sich ihre Wirkung in der Gesellschaft entfalten wird. Keine Zelle hat darüber zu entscheiden, was eine andere Zelle zu tun oder zu lassen hat. Entscheidungen können zudem nur auf der relevanten Zellebene gefällt werden. Sexuelle Verhaltensweisen etwa sind eine Sache der Moy- oder Poyzelle, nie aber Gegenstand auf höheren Zellebenen. Umgekehrt kann keine Fayzelle, die Teil einer Hyperzelle ist, einfach so ihre eigenen Standards für High-Tech-Komponenten festlegen – das kann nur auf Hyperzellebene geschehen.

In einer Moyzelle dürften alle Entscheidungen direkt durch Ausdiskutieren der Probleme zu finden sein. Normalerweise sollte es immer möglich sein, eine Lösung zu finden, die für alle ok ist. Das ist vor allem eine Frage von Kreativität und Offenheit. Ganz allgemein sollte bei allen politischen (also mehr als eine Person betreffenden) Entscheidungen, egal auf welcher Zellebene, Konsens angestrebt werden. Das heißt, daß nach der Diskussion oder Wahl jeder in der Zelle die gefällte Entscheidung als beste aller Alternativen betrachtet. Und das bezieht sich auf die zur Diskussion stehende Sache selbst, *nicht* etwa auf irgendwelche externen Sachverhalte. Ein Beispiel: Wenn etwa zwanzig Leute das Haus blau streichen wollen, und fünf es lieber weiß hätten, dann besteht kein Konsens. Auch dann nicht, wenn die zwanzig eine Drohung — die immer ein externer Sachverhalt ist — mit ins Spiel bringen: „Entweder wir streichen das Haus blau, oder wir schlagen euch grün und blau!", obwohl die fünf anderen dann ebenfalls für Blau wären, weil es besser wäre, als verhauen zu werden. (Die wirklich beste Alternative wäre aber wohl, diese Moyzelle zu verlassen. Die zweitbeste, um ganz genau zu sein. Wir werden die beste Verhaltensweise in einem späteren Kapitel diskutieren: Individualwacht.)

In einer Poyzelle dürfte es sehr schwierig werden, wenn jeder jedes Problem mit jedem anderen diskutieren wollte. Deshalb sollten auf allen höheren Zellebenen Wahlverfahren eingesetzt werden. (S.97) Tobi Blubb schätzt, daß jeden Tag (!) etwa 5 Entscheidungswahlen stattfinden werden. (Ich persönlich glaube das eher nicht. Vielleicht in den ersten Monaten einer neuen Zelle, aber später wird es sehr viel weniger sein.) Die Wahlen sollen einfach und von jedermann zu kontrollieren sein. Speziell für die hohen Zellebenen ist Computertechnik unerläßlich, um die Dauer einer Wahl zu minimieren.

B.1.2.2.a. Elescheide mit der Handurne

[S.97f] Alle Entscheidungswahlen in Tobi Blubbs Panokratie bestehen aus einer Reihe von sogenannten Elementarentscheiden (TBs Slangwort-Vorschlag: „Elescheid"). Ein Elementarentscheid beginnt mit einem Signal, nach dem jeder Wähler entweder für „negativ/nein/dagegen" oder „positiv/ja/dafür" stimmen, oder sich enthalten kann.

Ich würde ein Zeitlimit von 15 Sekunden vorschlagen, mit einem Hinweissignal alle 5 Sekunden und eine Sekunde vor dem Ende des Elescheids:

>   START . . . . .
>
>   NOCH 10 SEKUNDEN . . . . .
>
>   NOCH 5 SEKUNDEN . . . .
>
>   NOCH 1 SEKUNDE
>
>   STOPP

Das Wählen geschieht mit Hilfe einer Handurne: eine Zylinderröhre mit zwei Knöpfen am Ende, die für die beiden Entscheidungsmöglichkeiten stehen. Innerhalb des Zeitlimits keinen Knopf zu drücken wird als Enthaltung gewertet.

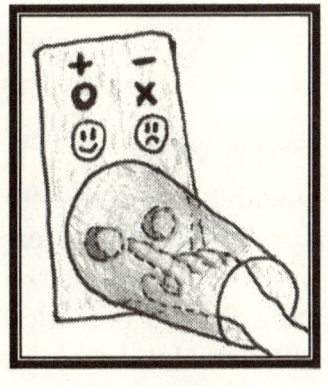

Ich denke, es wäre besser, wenn man zum Enthalten *beide* Knöpfe drücken müßte, und keinen Knopf zu drücken ein Problem signalisieren würde.

Ob die Stimme einer Person gültig ist, ermittelt der Wahlcomputer der Moyzelle. Um auf einer bestimmten Zellebene wählen zu dürfen, muß man die entsprechende Ebenenmündigkeit erreicht haben. (Siehe das Kapitel „Bildung".)

Das Ergebnis jedes Elescheids wird für alle Zellebenen angezeigt. Dies dient auch dazu, Manipulationen erkennen zu können.

Der Wahlcomputer der Moyzelle sendet die Ergebnisse an den Poyzellcomputer, dieser wiederum die Summe aller seiner Moyzellen an den Fayzellcomputer und so weiter. Die Ergebnisse der höheren Ebenen werden dann in umgekehrter Richtung nach unten bekanntgegeben und auf jedem Wahlterminal angezeigt.

Als Ergebnis eines Elescheids gilt die Entscheidung („linker Knopf" oder „rechter Knopf") der Mehrheit. (S.97) Die Zellen können selbst festlegen, was sie als „Mehrheit" anerkennen. Mehr als 50%, mehr als 80%, mehr als 98% oder sogar nur den reinen Konsens. Wenn es keine Mehrheit gibt, sollte der Elescheid wiederholt werden, gegebenenfalls mit einer vorhergehenden öffentlichen Diskussion beider Alternativen.

Es gibt zwei verschiedene Wahlverfahren: **Auswahl** und **Wertwahl**. Schauen wir uns nun ihre Algorithmen an, und wann sie jeweils zur Anwendung kommen.

B.1.2.2.b. Auswahl

[S.98ff] Wenn aus einer bestimmten Anzahl von Alternativen gewählt werden soll, dann wird dieses Wahlverfahren durchgeführt. Die einfachste Auswahl ist die Binärauswahl (nach Tobi Blubb kurz „PABA" für „panokratische Binärauswahl"), bei der nur zwei Alternativen existieren. Mit der Handurne kann man sich dann für eine von beiden entscheiden. Aber was, wenn es mehr als zwei gibt? Dann werden die Wahlmöglichkeiten in Binärgruppen aufgeteilt, und für jede Gruppe eine PABA durchgeführt. Wenn es zum Beispiel 7 Optionen gibt, dann könnte die erste PABA fragen, ob man sich eher für eine Option aus den ersten drei, oder für eine aus den letzten vier entscheiden würde. Die Teilung sollte sich allerdings an gemeinsamen Merkmalen der Optionen orientieren, also die signifikantesten zwei Gruppen darstellen, in welche die Optionen geteilt werden können.

Die gewählte Gruppe wird dann wiederum in zwei Alternativen aufgeteilt, bis nur noch zwei Optionen übrig bleiben, die letzte PABA. Mit nur 7 aufeinanderfolgenden PABAs wäre es möglich, aus über 100 Alternativen eine zu wählen.

Eine PABA besteht aus zwei Elescheiden:

Zuerst der **Haupt-Elescheid**. Das ist die eigentliche Abstimmung, die Entscheidung zwischen zwei Alternativen.

Dann der **Bestätigungs-Elescheid**. Mit ihm bestätigt der Wähler, daß er mit dem Wahlprozeß bis hierhin zufrieden ist, die PABA-Aufteilung der Optionen für fair hielt und es keine Manipulationen oder Probleme gab.

Wenn der Bestätigungs-Elescheid nicht positiv ausgeht, dann wird die PABA solange wiederholt, bis sie schließlich bestätigt wird. Der Wahlmoderator oder das Wahlkomitee sollten dazu eine neue PABA-Aufteilung finden, oder fragen, ob die ganze Wahl nach einer erneuten öffentlichen Diskussion wiederholt werden soll, die vielleicht noch neue Optionen liefert.

B.1.2.2.c. Wertwahl

[S.101ff] Dieses Wahlverfahren wird angewandt, wenn ein bestimmter Zahlenwert als Norm bzw. offizieller Grenzwert festgelegt werden soll. (Beispiele: Höchstgeschwindigkeiten, Mindestalter, technische oder architektonische Normen, Sportregeln, ...)

Zuerst wird ein Intervall festgelegt, der alle möglicherweise gewünschten Werte enthält.

Dann wird ein **Vor-Elescheid** durchgeführt, ob überhaupt eine Normierung durchgeführt werden soll.

Wenn die Mehrheit eine Normierung wünscht, wird der Intervall solange für PABAs **halbiert**, bis der Wert genau genug festgelegt ist. (Die Stellen nach dem Komma wurden zuvor gegebenenfalls in einer eigenen Wahl festgesetzt.) Wenn der Wert in Prozent angegeben wird, dann wird die erste PABA lauten: „0-50% oder 51-100% ?". Wenn die erste Alternative gewinnt, lautet die zweite PABA: „0-25% oder 26-50% ?" Und so weiter. Wertwahlen können gut aus mehr als 10 PABAs bestehen, aber manche kommen auch mit 5 oder weniger aus.

Zum Schluß muß die gesamte Wertwahl noch durch einen **Bestätigungs-Elescheid** abgesegnet werden.

Eine Wahl wird nur dann eingeleitet, wenn mindestens 2% der Bewohner der Zelle bestätigen, daß sie die Wahl für notwendig halten. (S.99) Dies ist natürlich nur ein *Vorschlag* von TB, wie alles andere auch. Jede Zelle (auf jeder Ebene) kann ihre eigenen Wahlverfahren und -regeln definieren.

B.1.2.3. Informatik

B.1.2.3.a. Die Rolle der Informatik

[S.176] Nahezu alle unangenehmen, gefährlichen oder langweiligen Jobs könnten von Maschinen, von Robotern, von Computern übernommen werden. Das nötige Wissen und die nötige Technik sind vorhanden. In der Panokratie wird der wissenschaftlich-technische Fortschritt seinem Ziel gerecht, die Lebensqualität zu verbessern, und führt nicht zu solchen Auswüchsen wie im Kapitalismus. Im Kapitalismus erleichtert die Automatisierung dem Kapitalisten das Leben, und vielleicht noch ein paar wenigen Arbeitern, aber sie erschwert der Mehrheit der Arbeiter das Leben, weil sie eingespart werden und ihren Job verlieren. In der Panokratie gibt es jedoch keine finanzielle Abhängigkeit des Einzelnen. Die Automatisierung wird überall angewendet, wo sie hilfreich ist, und wird keinerlei negative soziale Auswirkungen haben.

Ingenieure und Erfinder werden zudem sehr viel verantwortungsbewußter sein — alle Risiken für Gesundheit und Umwelt werden minimiert, da es weder den Zeitdruck noch die Anonymität der Kommerzwirtschaft gibt. Statt der über alles andere gestellten Ideologie des „Geldmachens" wird die vorherrschende Einstellung eine hohe Wertschätzung aufbringen für das Leben, die Vernunft, Freude, Gesundheit, ... Und die Maschinen, Roboter und Computer werden ein komfortables Leben ermöglichen.

Für kreative Arbeiten sind Computer zudem das ideale Werkzeug. Sie werden sowohl zur Unterhaltung und für audiovisuelle Kunst eingesetzt werden, als auch für Wissenschaft und Entwicklung (Berechnungen, Simulationen) und zur Kommunikation. Und natürlich wird die bestehende Technik auch dazu verwandt, neue Maschinen, neue Roboter und neue Computer zu entwickeln, zu konstruieren und zu produzieren...

B.1.2.3.b. Das SID-Informationsnetzwerk

[S.115f] Die Informationsmedien werden auf eine Art organisiert sein, die sich folgendermaßen charakterisieren läßt:

    Subsidiär   Independent   Dezentralisiert

„**subsidiär**" heißt, daß die Informationen so organisiert werden, daß sie sich an den Zellebenen und deren Funktionen orientieren. Alle für eine spezifische Zelle relevanten Informationen werden allen ihren Mitgliedern bereitgestellt. Voneinander unabhängige Zellen werden dagegen ihre Informationen nicht notwendigerweise untereinander austauschen; möglicherweise möchten sie diese lieber „privat" halten.

Hier ist wohl ein Beispiel angebracht. Die Moyzelle *Xim* und die Moyzelle *Yom* aus der Poyzelle *Zotep* werden Moy-relevante Daten jeweils für sich behalten, denn diese sind „Moy-privat", aber sie werden alle Poy-relevanten Daten mit allen anderen Moyzellen aus *Zotep* teilen.

„**independent**" heißt, daß weder politische noch wirtschaftliche Mächte die Massenkommunikation beeinflussen oder verzerren. Alles, was Menschen als interessant, wichtig, lustig usw. ansehen, wird frei ausgetauscht. Zudem gibt es keinerlei Besitzrechte an Informationen. Daher wird jedes Wissen und jede Kunst frei verteilt werden können und ist praktisch jedermann zugänglich.

"**dezentralisiert**" heißt, daß es keine großen Institutionen gibt, welche die Informationsverteilung besorgen und kontrollieren. Medien werden überall von zahlreichen Menschen hergestellt und verbreitet, auf jeder Zellebene, und jeder kann seinen Beitrag dazu leisten.

Auf Moyebene dürfte ein einfaches Schwarzes Brett genügen, auf dem jeder seine Ideen oder Wünsche/Gesuche notieren kann. Aber je höher die Zellebene, desto mehr Informationen sind zu verwalten. Ein Computer-Netzwerk ist dann unabdingbar. Es könnte aber auch offene Radio- und Fernsehstationen geben. Allerdings denke ich, daß Internet-Multimedia die bessere Lösung wäre. Auf niederen Ebenen könnten zusätzlich auch Zeitungen und Zeitschriften gedruckt werden. Und obwohl der Computer zum Aufnehmen kleinerer Informationshappen ideal ist, werden längere Texte wohl weiterhin in Buchform vorgezogen werden.

B.1.2.4. Wirtschaft

Die Wirtschaft hängt direkt mit der Struktur des Gesellschaftssystems zusammen, und umgekehrt. Ganz allgemein gesprochen, betrachtet die Wirtschaftslehre, wie Ressourcen in der Gesellschaft genutzt werden, und Ökonomen wie Politiker versuchen, die Struktur der Gesellschaft zu beeinflussen, um diese Nutzung der Ressourcen zu optimieren. Wohin jedoch optimiert werden soll, dazu gibt es die unterschiedlichsten Meinungen.

Tobi Blubb hat die Panokratie als stabiles, „sich selbst regulierendes" Gesellschaftssystem entworfen, dessen ökonomisches Optimierungsziel die Anforderungen des Gruppensurvivals gut erfüllt, und mit demjenigen identisch ist, das man in den meisten klassischen sozialistischen Theorien findet (sozioökonomische Konzepte, welche die Betonung auf ein *soziales* Leben setzen, und damit etwa sowohl Gewalt als auch Willkür auszuschließen suchen):

Die verfügbaren Ressourcen (Rohstoffe, Nahrung, Technologie, Wissen, Fähigkeiten, Erfahrung und so weiter) sollen so eingesetzt werden, daß sie die Bedürfnisse aller Menschen so gut wie möglich erfüllen. Wer einer Sache am meisten bedarf, soll als erster mit ihr bedacht werden.

Das ist praktisch einfach ein Tiefpaßfilter-Modell, was bedeutet, daß lokale Tiefpunkte in der Lebensqualität dazu tendieren, auf den Durchschnittswert der Lebensqualität der umgebenden Gesellschaft gehoben zu werden, womit Armut unwahrscheinlich wird, und extreme Armut dementsprechend extrem unwahrscheinlich. Das minimiert existentielle Ängste, und reduziert die Gefahr, daß Mächtige andere Menschen manipulieren oder ausbeuten, beträchtlich. Genaugenommen ist es diese Tiefpaßfilter-Funktion, die eine gut funktionierende *Gesellschaft* erst ausmacht.

Das mag zwar eine ganz nette Theorie sein. Aber wie soll das denn im wirklichen Leben funktionieren? Die folgenden Antworten mögen zunächst recht einfach erscheinen. Aber gute Lösungen müssen einfach sein. (Komplizierte Lösungen, jedenfalls bei gesellschaftlichen Problemen, tragen noch das Problem in sich, eben kompliziert zu sein. Die meisten Menschen würden sie nicht verstehen, und daher auch nicht anwenden können.)

B.1.2.4.a. Schenkwirtschaft

[S.195ff] Die Subsidiarzellen-Struktur der Panokratie ermöglicht eine einzigartige Wirtschaftsform, oder bringt sie vielmehr hervor, nämlich die „Schenkwirtschaft", als Gegensatz zur Geld- oder Tauschwirtschaft.

Fangen wir mit ein paar Beispielen an, wie sie unter den Bedingungen einer *guten Freundschaft* vorkommen:

- (am Telefon) „Hallo Frank. Lisa hat mich gerade verlassen. Ich bin so am Ende. Könnten wir vielleicht mal reden?" — „Klaro, ich komme sofort vorbei!"
- „Lissi, mochtest du nicht auch Hardrock?" — „Na aber!" — „Also weil, ich hab da ne neue CD da. Die ist sooo klasse. Willste die mal borgen?" — „Oh, ja, dankeschön!"
- „Ach Dreck, mein Fahrrad hat sich letzte Woche verabschiedet." — „Warum hast du das nicht schon eher gesagt? Ich liebe es, Fahrräder zu reparieren! Soll ich mal ran?"
- „Wenn du noch ein paar Stunden bleiben willst, dann kannst du gerne mit zu Abend essen. Irgendwelche Wünsche?"

Zum Vergleich das Ganze nach den Regeln einer Marktwirtschaft:

- (am Telefon) „Hallo Frank. Lisa hat mich gerade verlassen. Ich bin so am Ende. Könnten wir vielleicht mal reden?" — „Klaro, das kostet dich ..."
- „Lissi, mochtest du nicht auch Hardrock?" — „Na aber!" — „Also weil, ich hab da ne neue CD da. Die ist sooo klasse. Ich borg die dir für ..."
- „Ach Dreck, mein Fahrrad hat sich letzte Woche verabschiedet." — „Warum hast du das nicht schon eher gesagt? Ich bin der Fahrrad-Reparatur-König! Gib mir ..."
- „Wenn du noch ein paar Stunden bleiben willst, dann kannst du hier auch Abendbrot bekommen. Da drüben findest du meine Preisliste..."

Laut Definition ist die grundlegende Subsidiarzellebene, Moy, mit den *Bedingungen einer guten Freundschaft* vergleichbar. Da die Menschen in einer Moyzelle viel näher zusammenleben, als es in den meisten Freundschaften der Fall ist, werden die Prinzipien der Schenkwirtschaft in einer Moyzelle sogar um einiges stärker und selbstverständlicher sein, als in den meisten Freundschaften. Die Schenkwirtschaft trägt in der Gesellschaft zu Frieden und Harmonie bei, und ist die am wenigsten komplizierte Form der Ressourcen-Organisation.

Aber wird es nicht auch Konflikte geben? — Natürlich wird es das. Konflikte und Probleme gehören zum Leben — und es ist eine der Aufgaben intelligenten Lebens, sie zu lösen, wo sie auftreten. Die Schenkwirtschaft ist da noch sehr viel flexibler als sogar eine geldbasierte Wirtschaft.

Nehmen wir ein einfaches Beispiel. Xiu hat einen Holzstuhl vom Standard-Ergonomie-Typ „Stergo3" gezimmert, wie sie es etwa jeden zweiten Monat tut, da im Schnitt ungefähr so oft ein neuer Stuhl dieses Typs in der Fayzelle benötigt wird. Sie liebt es, Holz zu sinnvollen Formen zu verarbeiten, wie etwa Möbeln. Und sie fühlt sich für die Versorgung der Fayzelle mit Stergo3 verantwortlich, weil sie die Beste darin ist, ihn herzustellen — was sie auch mit ein wenig Stolz erfüllt. Nun ist leider vor wenigen Tagen der Lagervorrat an Stergo3 aufgebraucht worden, aber gerade heute benötigen zwei andere Bewohner einen neuen. Yaku hat seinen aus Versehen verkokelt, und Zamwai hat ihren auf einer Bergtour verloren (sie hatte ihn als stabile Auflage für ihre meteorologischen Geräte verwendet).

Xiu hat also nur einen einzigen Stergo3 gebaut, aber sowohl Yaku als auch Zamwai wollen den jetzt haben. Ein einfacher aber typischer Ressourcenkonflikt. Doch es gibt viele mögliche Lösungen. Yaku und Zamwai sollten das Problem mit Xiu diskutieren. Wer braucht den Stuhl dringender — Yaku oder Zamwai? Wie schnell könnte Xiu einen zweiten bauen? Gibt es im Lager vielleicht noch ähnliche Stühle? Hat eine der 24 Nachbarfayzellen (Suche im SID-Netzwerk, Surzelldatenbank, auf einem Computerterminal) einen Stergo3 übrig, den Yaku oder Zamwai sich holen gehen könnte? Und so weiter...

Wenn Yaku und Zamwai trotzdem noch darauf bestehen, den einen von Xiu soeben fertiggestellten Stuhl zu bekommen, dann kann dieser harte Konflikt natürlich ebenfalls gelöst werden. Xiu oder eine unbeteiligte Person könnte Yaku und Zamwai anhören, und dann einfach entscheiden, wer den Stuhl bekommt und wer nicht. Oder Yaku und Zamwai spielen irgendein Spiel, bei dem sich beide eine faire Gewinnchance ausrechnen. Oder jemand könnte einfach würfeln. Oder ... na, ich denke, der Grundgedanke dürfte jetzt klar genug sein.

Möglichst umfassende Informationen über die Ressourcen sind für eine Schenkwirtschaft sehr wichtig. Das SID-Informationsnetzwerk sollte daher eine standardisierte, leicht durchsuchbare Datenbank bereitstellen, mit den Lagerbeständen aller Güter, Statistiken zu Produktion und Verbrauch, den Fähigkeiten und dem Wissen der Menschen, Anfragen nach Gütern und Dienstleistungen, und so weiter. (S.116) Die vielen Vorteile werden den Aufwand zur Pflege der Datenbank mehr als wettmachen.

Schenkwirtschaft in der Moyzelle, ok. Aber was ist mit den höheren Ebenen? Die fraktale Struktur der Panokratie hat zur Folge, daß auf den höheren Ebenen ganz ähnliche Bedingungen und organisatorische Muster vorliegen. Die Alltagserfahrung in der Moyzelle wird von den Menschen auf die höheren Zellebenen extrapoliert werden. Da die Schenkwirtschaft in der Moyzelle eine Selbstverständlichkeit ist, wird sie auch in der Poyzelle, Fayzelle, Surzelle, ... Anwendung finden. Und dies funktioniert, weil die Komplexität der Gesellschaft in fraktalen, analogen Ebenen, den Subsidiarzellen, organisiert ist. Es ist lediglich zu beachten, daß die Güter und Dienstleistungen ihren korrekten Zellebenen zugeordnet werden, und daß jede Zelle ihr inneres Gleichgewicht bei Produktion und Verbrauch im Auge behält.
(S.204ff) Tobi Blubb listet für dieses Prinzip etliche interessante Beispiele im Buch auf. Es ist jedoch ausreichend, sich an die Definitionen der Zellebenen zu erinnern.

B.1.2.4.b. Eigentum

[S.199] In der Panokratie gibt es zwei Arten von Eigentum: Individualeigentum und Gemeineigentum.

Das **Individualeigentum** gehört einer einzelnen Person. Dazu zählen etwa ihre eigenen Hilfsmittel zur persönlichen Hygiene, ihre eigene Kleidung, die Objekte, die sie an bestimmte Menschen oder Ereignisse aus ihrer Vergangenheit erinnern, ihre eigenen Tagebücher und Aufzeichnungen, ihre eigenen Musikinstrumente, Schreibgeräte und so weiter. Das Individualeigentum wird üblicherweise im privaten Zimmer einer Person aufbewahrt, und nur sie kann entscheiden, was sie jemand anderem ausleiht.

Gemeineigentum ist alles sonstige, vor allem aber die Ressourcen (Rohmaterialien, Land, Werkzeuge, Maschinen, ...), die von anderen Menschen genutzt werden können und von ihnen benötigt werden. Nach Tobi Blubb sollen Dinge des Gemeineigentums einer bestimmten Zellebene (Moy, Poy, Fay, ...) gehören, je nachdem, wie oft sie benötigt werden.

Wenn sich eine Zelle auflöst, wird ihr Gemeineigentum zum Eigentum der nächst übergeordneten Zelle. Analog dazu geht beim Tode einer Person ihr Individualeigentum in das Eigentum ihrer Moyzelle über.

B.1.2.4.c. Produktreduktion

[S.198f] Aufgrund des Gemeineigentums können viele Dinge in geringerer Stückzahl hergestellt werden. Viele lassen sich nämlich auch von mehreren Menschen nutzen. Zudem dürften die Produkte auf eine lange Lebensdauer hin entwickelt werden, und die meisten lassen sich leicht reparieren, wenn nötig. Die Herstellung von Verpackungen wird sich auf ein Minimum reduzieren, und es wird nur sehr wenig Überproduktion geben. All diese Faktoren führen zu einer deutlichen Produktreduktion.

B.1.2.4.d. Arbeitsreduktion

[S.201ff] Viele Arbeiten müssen in der Panokratie gar nicht mehr oder zumindest nur noch sehr eingeschränkt getan werden. Die Produktreduktion trägt dazu bei, aber es gibt noch andere **Effizienzfaktoren**:

- der gute Gesundheitszustand der Menschen
- die seelische Zufriedenheit der Menschen
- die Zielgerichtetheit der Produktion
- kein Verkaufsprozeß
- keine Werbung
- keine Bürokratie
- der hohe Automationsgrad
- Betreuung von Alten und Kindern innerhalb ihrer Moyzelle
- minimierte Umweltverschmutzung

Die Menschen werden daher viel mehr freie Zeit haben für soziale Kontakte, wissenschaftliche Forschung, das Erschaffen und Konsumieren von Kunst (Musik, Bücher, Computerspiele, Theater, ...) und so weiter.

B.1.2.4.e. Multiberuflichkeit

[S.199ff] In der Panokratie können die Menschen sich mit einem einzigen Beruf (oder gar keinem) begnügen, aber das ist eher unwahrscheinlich. Da sie nicht durch existentiellen Druck gezwungen sind, irgendeine kommerzielle Arbeit auszuüben (die ihnen möglicherweise nicht einmal gefällt), werden sie höchstwahrscheinlich verschiedene Dinge tun, vor allem auch zwischen Kopfarbeit und körperlicher Arbeit abwechseln, und damit mehrere „Berufe" haben, was für die meisten Menschen sehr erfüllend ist. Beispielsweise könnte man am Morgen ein wenig im Garten arbeiten, dann weiter an seinem neuesten Buch schreiben, daraufhin bei der Pflege der Kinder und Alten helfen, am Abend bei einer Theateraufführung mitwirken und vor dem Zubettgehen noch etwas reparieren.

Manche Leute mögen nach einem „Multiberufsstundenplan" arbeiten, aber sie könnten auch alles eher spontan machen. Projektmanagement-Wissen und entsprechende Techniken werden sicherstellen, daß wichtige und dringende Dinge dennoch erledigt werden.

Die Vielseitigkeit des Arbeitens wird eine stark erhöhte Arbeitseffizienz bewirken. Die Menschen werden ihren Begabungen, Interessen und Inspirationen folgen wie auch einem Verantwortungsbewußtsein der Gesellschaft gegenüber (angefangen bei der Moyzelle), und werden daher optimal motiviert sein. Im allgemeinen wird man im Erledigen einer Arbeit durch Üben immer besser, und jede Wiederholung kann die Qualität der Leistung erhöhen. Wenn man die gleiche Sache jedoch zu oft immer und immer wieder ohne ausreichende Pausen (je nach Arbeit Minuten bis Monate!) macht, wird die Qualität sehr schnell stark nachlassen. Daher sollten die Menschen verschiedene Arbeiten haben, und für jede wichtige Arbeit sollte es mehrere Menschen geben, die sie tun können.

B.1.2.4.f. Ökologische Ökonomie

[S.203f] Sowohl Produktreduktion als auch Verkehrsreduktion (etwa Wegfall des täglichen Arbeitswegs) werden dazu beitragen, die Umweltverschmutzung zu verringern. Allgemein werden die Menschen sehr viel umweltbewußter sein, einfach aus dem Grund, daß die meisten Produkte nicht weit entfernt von ihrem Herstellungsort genutzt werden. Wenn man die Nutzer der eigenen Produkte persönlich kennt, wird man viel mehr darum bemüht sein, jegliche Schadensrisiken zu minimieren, als es beim Produzenten für eine anonyme Kundenmasse der Fall wäre. Der Umwelt zu schaden würde in den meisten Fällen bedeuten, dir letzten Endes *selbst* zu schaden.

Zahllose umweltschädliche Produkte lassen sich problemlos durch pflanzenbasierte, umweltfreundliche Produkte ersetzen. Die Qualität ist oftmals alles andere als geringer. (Die Produktion schädlicher Dinge im Kapitalismus hat meist entweder rein kommerzielle oder politische Gründe.) Beispielsweise kann man Kleidung mit Waschnüssen anstelle von chemischen Reinigern waschen, gute Haushaltsreiniger lassen sich aus Pflanzensäften und Essig mischen, und so weiter. Es gibt viele Bücher voller guter Alternativen. Und wenn mehr Forschung betrieben wird, werden auch mehr und bessere Lösungen für viele schädliche Produkte gefunden werden.

B.1.2.5. Bildung

B.1.2.5.a. Wie und was?

[S.208f] Kinder sind lernbegierig — sie wollen spielen, fragen, zuhören, beobachten. Diese Neugier sollte unterstützt und gefördert werden. Sie kann auch beim Erwachsenen aktiv bleiben, oder wiedererweckt werden, falls bereits eingeschlafen. Die Frage ist, wie man garantieren kann, daß die Kinder die wichtigen Dinge früh genug lernen? Ja, was *sind* die wichtigen Dinge denn überhaupt? [13] Die Kinder sollten die Grundlagen des Überlebens kennen, oder anders ausgedrückt, sie sollten wissen, welche Gefahren zu meiden und welche Bedürfnisse zu decken sind, und wie man das jeweils anstellt. Das minimiert das Risiko, daß sie zu Schaden kommen. Sie sollten lernen, ethische Prinzipien zu verstehen. Das minimiert das Risiko, daß sie Anderen Schaden zufügen. Sie sollten lernen, wie die Gesellschaft funktioniert. Damit können sie bald aktiv an der Wirtschaft teilnehmen und ihre Moyzelle unterstützen. Obendrein gewährt der Umstand, daß alle Menschen wissen, wie die Panokratie funktioniert, einen wirksamen Schutz vor der Heranbildung totalitärer Strukturen. Weiteres Wissen wird dazukommen, wie es benötigt wird. So wird man in den meisten Wissenschaften, Handwerken und sogar Künsten die Mathematik benötigen. Daher werden die Kinder früh dazu angehalten werden, etwas Mathematik zu lernen. Lesen und Schreiben werden noch früher erlernt werden. Damit kann man unabhängiger studieren, interessante Abenteuer-Geschichten lesen, das Gedächtnis und die Kommunikation erweitern und mehr.

---

[13] (Tobi Blubb erwähnt nur das Wissen über das politische System. Ich gehe hier ein klein wenig mehr ins Detail.)

Zeige oder erkläre einem Kind, wofür etwas gut ist, und es will es haben / es wissen / es tun können.

Niemand (schon gar nicht Kinder) sollte zum Lernen gezwungen werden — nur begeistert oder allenfalls angehalten! Nicht nur das Was und Wo, auch das Wie sollte dem Lernenden überlassen sein, und es sollte viele verschiedene Alternativen geben. Innerhalb der Poyzelle soll es — zum Beispiel — Klassen geben (ich würde die Pädagogik von Célestin Freinet empfehlen!), Spiele (die vor allem den Sinn von Teamwork und Altruismus vermitteln sollten), Comic-Bücher, Computerspiele, Filme, Audio-Aufnahmen, eine Bibliothek, Vorlesungen und so weiter.

B.1.2.5.b. Kompetenztests

[S.209f] Alle vier Monate kann man in einem Test den nächsten Kompetenzschein für die gelernten Themenfelder erwerben. Aus den Leuten, die den Test bereits bestanden haben, werden zuvor 12 Prüfer gewählt, die sich gemeinsam einen neuen, brauchbaren Test ausdenken. Nach Tobi Blubbs Definition (= Vorschlag!) soll immer die bessere Hälfte der Prüflinge bestehen und die andere Hälfte durchfallen. Dies soll sicherstellen, daß die Tests nie zu schwer oder zu leicht gemacht werden. Jene, die durchgefallen sind, können den Test (alle vier Monate) so oft sie wollen wiederholen, bis sie ihn schließlich bestehen. Beim zweiten Versuch haben sie bereits vier Monate zusätzliche Lernzeit als Vorteil.

B.1.2.5.c. Ebenenmündigkeiten

[S.210ff] Wenn man eine bestimmte Anzahl Kompetenzscheine (pro Fachgebiet kann es durchaus mehrere geben) erworben hat, erlangt man einen neuen Mündigkeitsgrad. Diese Ebenenmündigkeiten berechtigen zur Mitentscheidung auf den entsprechenden Zellebenen.

Tobi Blubb hat eine komplette Liste erstellt und erläutert, welche Fächer genau für welche Ebene getestet werden sollten. Ich werde hier jedoch nur die Grundlagen aufzählen.

(In Klammern das Alter, von dem TB annahm, daß zu diesem Zeitpunkt die meisten Menschen die entsprechende Stufe erreichen würden.)

Moy:	keine Kompetenzen nötig — *Grundrecht* (spätestens mit 3 Jahren nach TB, aufgrund meiner Erfahrungen mit Kindern würde ich aber eher sagen mit 5) wird vergeben, sobald das Kind unabhängig genug ist, um Entscheidungen treffen zu können, wenn es laufen und reden kann
Poy:	50 Kompetenzen — *Allgemeinwissen* (mit 12 Jahren) Beispiele: Lesen und Schreiben, Grammatik und Linguistik, Rhetorik, Mathematik, Sexualkunde, Biologie, Chemie, Physik, Medizin, Ernährungswissenschaft, Psychologie, Philosophie, Ethnologie (inkl. Politik), Geschichte, Kunst, Musik, Geographie, Astronomie, Ökologie, Maschinistik und Informatik, eine Fremdsprache, Gemeinschaftsleben (inkl. Ethik), Survival, ...
Fay:	50 Poy- und 24 Fay-Kompetenzen — *Handwerk und Künste* (mit 16 Jahren) Beispiele: Werkzeugbau, Tischlerei, Gestaltung und Herstellung von Kleidung, Elektrotechnik, Programmieren, Lebensmitteltechnik, Buchherstellung, Gärtnerei (Permakultur), Schusterei, Architektur und Hausbau, ...
Sur:	20 Poy-, 8 Fay- und 24 Sur-Kompetenzen — *akademische Stufe* (mit 21 Jahren) Beispiele: höhere Mathematik, Computertheorie, fortgeschrittene Medizin, fortgeschrittene Chemie, Transportmitteltechnik, Energietechnik, Maschinenbau, Psychotherapie, Elektronik, Archäologie, eine zweite Fremdsprache, ...
Hyper:	20 Poy-, 3 Fay-, 6 Sur- und 12 Hyper-Kompetenzen — *akademische Spezialisierung* (mit 25 Jahren) Beispiele: Kryptologie, Neurochemie, Maschinenakustik, ...
Exo:	7 Fay-, 12 Sur- und 12- Hyper-Kompetenzen sowie 1 abschließende Meisterarbeit (zB eine wissenschaftliche Forschungsarbeit, eine herausragende Erfindung oder ein brillantes Kunstwerk) — *Großmeister* (mit 30 Jahren)

Die Terra-Ebene betreffend hat TB keine Vorschläge gemacht.

B.1.2.6. Individualwacht

Widmen wir uns dem Thema Regulation. Welche Möglichkeiten hätten wir denn da?

1. Man nehme eine Polizei, eine Armee, Geheimdienste und so weiter, kurz gesagt, man institutionalisiere die Regulation.

2. Man reguliere gar nicht; was auch immer die Leute tun, hat seine Berechtigung, auch wenn es tödliche Schlachten, Raubüberfälle, Vergewaltigungen, Folter, Morde und so weiter bedeuten mag, was aber ohnehin kaum je vorkommen wird.

3. Ach komm schon, wir brauchen nichts zu regulieren. Alle Menschen werden einfach freundliche, lächelnde Individuen sein, die auf ihrer Harfe spielen und in langen weißen Kleider herumtanzen.

So weit die klassischen Antworten der Autoritären, der Hardcore-Anarchisten und der spirituellen Träumer. Was spricht jeweils für und was gegen diese Vorschläge?

1. Man nehme eine Polizei, eine Armee, Geheimdienste und so weiter, kurz gesagt, man institutionalisiere die Regulation.

pro: Diese Art der Regulation *funktioniert*.

kontra: Aber nur bis zu einem gewissen Grad. Das Bestrafungsprinzip, eigentlich als Abschreckung gedacht, hält die meisten nicht wirklich von ihrer Tat ab. (Denn in diesem Moment denken sie — wenn sie überhaupt denken (die meisten Verbrechen geschehen unter Drogeneinfluß oder einem extremen Gefühlszustand) — an alles andere, aber nicht an das Gesetz.) Schlimmer noch, es ist eine verrückte Sache, aber soziopsychologische Realität, daß ein signifikanter Anteil der Täter *wirklich* üble Sachen überhaupt erst tut, *weil* darauf harte Strafen stehen. (Dieser letzte Satz spaltet sich auf in zwei verschiedene Bedeutungen, von denen mal die eine, mal die andere in vielen Verbrechen mit extremer Gewalt eine Rolle spielt: manche Täter wollen geradezu gefaßt und bestraft werden, andere möchten der Bestrafung durch Beseitigung jeglicher Zeugen entgehen.)

Andere Punkte sind, daß institutionalisierte Regulation leicht mißbraucht werden kann (man kann damit praktisch *alles* regulieren, was das Ganze willkürlich macht), von der Öffentlichkeit kaum zu kontrollieren ist (die Institutionen werden mächtig genug, um praktisch unbesiegbar zu sein, und wenn sie außer Kontrolle geraten, sind sie nicht zu stoppen) und aufgrund der Anonymität zur Brutalisierung tendiert. Die Machthierarchie verteilt die Verantwortung darüber, wie mit den Menschen umgegangen wird, auf viele Ebenen von Befehl und Gehorsam. Der Strafausübende unten „befolgt nur Befehle" — und ist damit „nicht verantwortlich". Die Autorität oben „gibt nur Befehle", fügt aber keinem Menschen direkt Schaden zu — und ist damit „nicht gewalttätig".

Zu guter Letzt wurden und werden die *schlimmsten* Dinge von Regulationsinstitutionen verübt: Kriege, Folter, Hinrichtungen, selbst Terrorismus ...

2. Man reguliere gar nicht; was auch immer die Leute tun, hat seine Berechtigung, auch wenn es tödliche Schlachten, Raubüberfälle, Vergewaltigungen, Folter, Morde und so weiter bedeuten mag, was aber ohnehin kaum je vorkommen wird.

pro: Wenn es keine institutionalisierte Regulation gibt, werden die Menschen möglicherweise tatsächlich selbst verantwortungsvoller sein, und verschiedene Ausbeutungsszenarien wären weniger wahrscheinlich. (Ein übliches Argument diverser anarchistischer Denker.)

kontra: Es könnte genausogut auch das Gegenteil eintreten. Und spätestens wenn die erste wirklich üble Tat begangen wird, werden die Menschen automatisch nach einer Regulation rufen, und sie einführen. Früher oder später wird die Autarchiegenese zu neuen Regulationsinstitutionen führen. Sollte dennoch nichts davon eintreten, bleiben die unregulierten Taten selbst als sehr gewichtiges Kontra.

3. *Ach komm schon, wir brauchen nichts zu regulieren. Alle Menschen werden einfach freundliche, lächelnde Individuen sein, die auf ihrer Harfe spielen und in langen weißen Kleider herumtanzen.*

pro: Die Menschheit entwickelt sich ethisch weiter. In einer Gesellschaft wie der Panokratie sind praktisch alle Faktoren minimiert oder sogar gänzlich abgeschafft, die für gewöhnlich für Verbrechen ausschlaggebend sind. Die Menschen sind sozial integriert, es gibt reichlich Hilfe und Umsorgung, psychologische und emotionale Probleme sollten eine seltene Ausnahme sein und nur von kurzer Dauer. Gleichfalls wirtschaftliche Probleme. Drogenmißbrauch wird aufgrund verschiedener Faktoren mit der Zeit praktisch aus der Gesellschaft verschwinden. Es wird tatsächlich sehr viel harmonischer zugehen (was *nicht* mit Langeweile verwechselt werden sollte — es hat auch nichts damit zu tun, Harfe zu spielen und in langen weißen Kleidern herumzutanzen, auch wenn ein paar Freaks das in einer albernen Anwandlung tatsächlich tun mögen).

kontra: Dennoch bleibt der Mensch als solcher in der Lage, anderen zu schaden, oder sie auch nur beständig zu belästigen. Obwohl nur wenige dies wirklich tun werden, muß es doch eine Regulation für diese Vorkommnisse geben. Darüber hinaus muß die Autarchiegenese aktiv verhindert werden.

B.1.2.6.a. Individualwacht-Ebenen

[S.228ff] Die panokratische Regulationsmethode nennt sich „Individualwacht". Um die Gefahr des Mißbrauchs zu minimieren, wird die Regulationsmacht auf alle Individuen der Gesellschaft verteilt. Wie bei vielem in der Panokratie, spielen auch hier die Zellebenen wieder eine entscheidende Rolle. Es gibt eine Moywacht, eine Poywacht, eine Faywacht und so weiter. Aus Gründen der Abwärtskompatibilität wird die Verantwortung für das eigene Selbst (Körper, Geist und Handeln) als „Egowacht" bezeichnet.

(Hinweis: In den folgenden Modellfragen trägt der Ausdruck 'etwas Falsches tun' keine moralistische Bedeutung, sondern bezieht sich auf ethisch-rationale Qualitäten und die wenigen Regeln der Panokratie. Beispielsweise ist die Autarchiegenese etwas 'Falsches' in der Panokratie, ebenso die Einführung von Geld oder Tauschhandel, da sie auf Konflikte hinsteuern. Die Gefühle oder den Körper von Anderen zu verletzen, wo es vermieden werden könnte, wird immer und überall ethisch falsch sein. Weiter unten finden sich weitere Beispiele.)

Bei der Egowacht lauten die entscheidenden Fragen *„Tue ich etwas Falsches? Was tue ich Falsches? Was kann ich tun, um dies zu stoppen oder in etwas Gutes zu verwandeln?"* Bei der Moywacht überwachen alle Moy-Mitglieder entsprechend die Fragen *„Tut jemand von uns etwas Falsches? Was tun sie Falsches? Was können wir tun, um dies zu stoppen oder in etwas Gutes zu verwandeln?"* Bei der Poywacht überwachen alle Moyzellen einer Poyzelle jeweils die anderen Moyzellen. Und so weiter die Ebenen hinauf.

Bevor wir uns dem *Wie* der Individualwacht zuwenden, zunächst ein paar Beispiele (basierend auf den von TB angeführten) für Situationen, in denen eine Regulation notwendig wird:

- Egowacht:
    - eine Person wird sich gewahr, daß sie von den anderen bzw. der Gesellschaft lebt, selbst aber noch gar nichts beigetragen hat
- Moywacht:
    - eine Person unterdrückt Mitbewohner der Moyzelle, schüchtert sie ein oder kommandiert sie herum
    - eine Person zwingt eine andere mit Gewalt dazu, etwas zu tun, was das Opfer sehr unangenehm findet (etwa Sex mit dem sadistischen Täter zu haben)
    - eine Person verschmutzt die Umwelt der Moyzelle mit gefährlichen Stoffen
    - eine Person mißhandelt Tiere oder schwächere Menschen (etwa Kinder, Alte, Behinderte, Kranke)
    - eine Person nervt die anderen absichtlich in unerträglicher Weise
    - eine Person verletzt oder tötet eine andere, ohne daß eine wirklich ernsthafte Notwehrsituation bestanden hätte
- Poywacht:
    - eine Moyzelle greift eine Nachbarmoyzelle an
    - die Mitglieder eine Moyzelle erfüllen ihre Moywacht nur ungenügend (sie lassen etwa eine Person eine andere einfach vergewaltigen, Kinder schlagen oder Tiere quälen)
    - eine Moyzelle raubt einer Nachbarmoyzelle wichtige Dinge, obwohl es ihr daran gar nicht mangelt

- Faywacht:
    - eine Poyzelle führt ein Zahlungsmittel ein
    - eine Poyzelle weigert sich, einer Nachbarpoyzelle in Not zu helfen (etwa nach einer Naturkatastrophe oder einem Feuer), obwohl sie es ohne weiteres könnte
- Surwacht:
    - eine Fayzelle beutet die Surzelle absichtlich aus (lebt von dieser, verweigert aber jedes Geben)
- Hyperwacht:
    - eine Interessengruppe (zB eine Sekte oder Religion) übernimmt drei Surzellen
    - eine Surzelle schafft sich ein bedrohliches Waffenlager an
- Exowacht:
    - ein Demagoge oder eine Demagogin manipuliert die Menschen einer Hyperzelle auf gefährliche Art und Weise

B.1.2.6.b. Individualwacht-Phasen

[S.231f] Die Regulation der Individualwacht verläuft in fünf Phasen:

1. **Hinweisphase:** (Wird bei Zeitknappheit übersprungen, also zB wenn ein Opfer leidet oder eine Katastrophe droht.) Informiere die Person oder Gruppe, die Falsches tut, daß sie gegen die Regeln der Ethik, der Panokratie oder der betreffenden Zelle verstößt. Dies sollte auf freundliche, hinweisende Art geschehen, so daß die Täter ihr Verhalten ohne jede Beschämung korrigieren können.

2. **Drohphase:** Sollten die Täter weitermachen, gib ihnen eine klare und unmißverständliche Warnung, daß Maßnahmen (als 'Gewalt' bezeichnet, siehe unten) zur Regulation ihres Verhaltens ergriffen werden, wenn sie es nicht selbst korrigieren. Dies sollte immer noch so geschehen, daß die Täter ihr Verhalten ohne Würdeverlust selber korrigieren können. (Beginne gleichzeitig mit der nächsten Phase.)

3. **Mobilisierungsphase:** Versammle Menschen für die Gewaltphase, und bereite diese vor (etwa durch das Diskutieren von Mitteln und Wegen, und falls notwendig, durch das Vorbereiten benötigter Materialien).

4. **Gewaltphase:** (Gewalt im Sinne von Regulationsgewalt, nicht physischer Aggression.) Ergreife Maßnahmen, die das Verhalten der Täter regulieren. Die entsprechenden Handlungen müssen stets ein geringeres Maß an Gewalt bedeuten als die regulierte Tat, und sollten sich auf die Korrektur des *Verhaltens* beziehen, statt den ganzen *Menschen* als komplett schlecht zu behandeln. Die Regulations-'Gewalt' wird oft keine physische Gewalt beinhalten, obwohl auch dies möglich ist. Andere Optionen können — je nach den Umständen — etwa sein, die Täter zu beschämen und öffentlich bloßzustellen, ihnen einen eher harmlosen Streich zu spielen (der sie jedoch für einen Moment ordent-

lich erschreckt oder sie für kurze Zeit in Angst oder andere negative Emotionen versetzt), oder sie zu zwingen, ihre der Tat zugrundeliegenden psychologischen Motivationen analysieren und korrigieren zu lassen. Bei besonders schweren Fällen (etwa Mord oder Vergewaltigung), kann in solchen Korrekturphasen auch eine kurzzeitige Gefangensetzung zum Schutz der Mitmenschen nötig werden. (Nie jedoch als reine „Bestrafung", sondern immer als Therapie.) In solch einem Fall muß jedoch auch garantiert werden, daß dies nicht zu einer mißbrauchbaren Institution oder Standardlösung wird. Der „Patient" sollte zudem so viele Besuche wie er will von Freunden erhalten; es sollte keine Isolation geben.

Bei kompletten Zellen (Moy, Poy, usw) wird oft ein zeitlich begrenztes Embargo gewählt werden. Auch könnten nächtliche Lärm-Überfälle oder andere Belästigungsmaßnahmen in Frage kommen. Sowohl Individuen als auch Zellen können zudem aus ihrer Über-Zelle ausgeschlossen werden.

5. **Auflösungsphase:** Sobald das schlechte Verhalten beendet wurde, und eine sofortige Wiederholung nicht wahrscheinlich ist, muß jegliche Gewalt (einschließlich psychologischer Natur, etwa Häme) komplett beendet werden. Die Menschen sollten zum normalen Lebensablauf zurückkehren, und den vormaligen Tätern wieder mit vollem Respekt gegenübertreten. Keine Gewalt-Allianzen dürfen verbleiben. Diese gründen sich nur während einer Mobilisierungsphase, handeln (wenn nötig) während einer Gewaltphase, und lösen sich mit der Auflösungsphase auf.

Es könnte eine gute Idee sein, eine sechste Phase anzuschließen, die zur vollständigen Re-Integration der vormaligen Täter beiträgt. Eine kleine Party (Moywacht) bis hin zu einem großen Festival (Faywacht oder höher) sollte dies schaffen, wobei die vormaligen Täter eine führende Rolle bei der Vorbereitung und Darbietung spielen (solange sie dies nicht beschämt!).

B.1.2.6.c. Anmerkungen zur Stabilität

So weit, so gut. Was aber, wenn die Situation während der Gewaltphase eskaliert und es zu wirklicher, roher Gewalt kommt? Eine einfache Antwort: die nächst höhere Wachtebene ist dann dafür zuständig, dieser Situation zu begegnen. Dies bedeutet, daß in der Regel einige *große* Deckel auf dem Topf liegen, und somit die Gefahr eines wirklichen Überkochens minimiert ist. (Jedenfalls in der Theorie. Rasche Gewaltausbrüche lassen sich kaum sofort stoppen. Aber es kann verhindert werden, daß sie sich ausbreiten und lange andauern.)

Die nächst höhere Zellwacht ist ebenso dann gefordert, wenn die Auflösungsphase nicht wirklich zu einem normalen sozialen Zustand zurückführt (wenn also zB der vormalige Täter weiterhin schlecht behandelt wird, oder eine Regulations-Allianz, statt sich aufzulösen, plötzlich in der Zelle Patrouillen läuft).

Mit Hilfe soziokybernetischer Studien und Computersimulationen hat man herausgefunden, daß es im Hinblick auf die Regulation eine deutlich beste Strategie gibt. Die Regeln dieser „Tit-for-Tat" (etwa „Wie du mir, so ich dir") genannten Strategie lauten:

1. beginne grundsätzlich immer freundlich und kooperativ — sei friedlich und nett

2. reguliere jede schlechte Tat sofort — sei wachsam und reguliere

3. bleibe unkooperativ / reguliere solange der Täter fortfährt — toleriere keine einzige schlechte Tat

4. sei sofort wieder freundlich und kooperativ sobald der Täter aufhört — sei versöhnlich

5. halte dich ohne Ausnahme immer an diese Regeln — vermeide willkürlich zu sein

Der springende Punkt ist, daß obwohl man generell kooperativ sein und *nach* der schlechten Tat sofort wieder vergeben soll, man keinerlei schlechtes Tun stillschweigend toleriert. Man möchte versucht sein, zu denken, daß ein kleines Quentchen „mehr Freundlichkeit" als Tit-for-Tat noch etwas besser wäre. Aber auch wenn manche Menschen (mich eingeschlossen) so empfinden mögen, so ist dies doch ein Irrtum. Der Täter würde einfach lernen, daß sein Handeln ok ist, daß es eine erfolgreiche Verhaltensweise ist. Und dann wird er sie wiederholen, möglicherweise sogar noch etwas aggressiver. Schritt für Schritt kann dies mehr und mehr Verhaltensweisen in eine Gesellschaft einführen, die man zu Anfang gar nicht toleriert hätte.

(In der Politik ist die gezielte Ausnutzung dieses Effekts übliche Praxis, um Dinge gegen den Willen der Menschen oder gegen internationale Gesetze durchzusetzen. Indem man kleine Schritte tut, die selbst zwar nicht ok sind, aber nicht groß genug, um irgend jemanden zu alarmieren, verändert man Schrittchen für Schrittchen für Schrittchen die Lage, bis das Ziel schließlich doch erreicht ist. Ein großer Sprung dahin hätte massive Reaktionen hervorgerufen. Die einzige Möglichkeit, dieser Strategie entgegenzuwirken, liegt im aufmerksamen Beobachten und darin, die Verwendung der Strategie anhand von handfesten „historischen" Daten zu beweisen, wenn man genug davon in der Hand hat.)

Es sollte vermieden werden, daß (nichtsexueller) Masochismus, also das Bedürfnis nach Bestrafung, oder das Bedürfnis nach Aufmerksamkeit Menschen zum Tun schlechter Dinge motivieren können. Beide Risiken sollten in der Panokratie allerdings bereits minimiert sein. Die gute soziale Integration in der Moyzelle (und Poyzelle) sollte das Aufmerksamkeitsbedürfnis jedes Menschen zu befriedigen in der Lage sein, und eine masochistische Charakterstörung wird sehr viel unwahrscheinlicher sein, da die Faktoren, die für gewöhnlich (in der frühen Kindheit) dazu führen, ebenfalls durch die soziale Integration minimiert werden.

B.1.2.7. Verkehr

B.1.2.7.a. Verkehrsreduktion

[S.268f] In der Panokratie wird es automatisch viel weniger Verkehr geben, was einige Vorteile mit sich bringen wird. Viel weniger Ressourcen (Material, Energie, Lebenszeit) werden aufgebraucht, um Dinge und Menschen durch die Gegend zu bewegen, die Umwelt wird sehr viel weniger belastet, und das Unfallrisiko (man denke auch an Tiere!) wird sehr deutlich sinken. Reduzierter Lärmpegel, reinere Luft, weniger Streß inklusive. Schauen wir uns nun die Hauptverkehrssektoren an, und wie sich die Struktur der Panokratie auf sie auswirken wird:

Berufsverkehr: Erinnerst du dich noch an die Arbeitsreduktion? Aber dies ist noch nicht einmal der Hauptausschlagspunkt hier. Da beinahe alle Arbeiten in der eigenen Moy- oder Poyzelle ausgeübt werden, dürfte die Maximalentfernung 2 km kaum überschreiten, was 20 Minuten Fußweg entspricht; die übliche Wegstrecke wird etwa bei 300 m liegen (= 3 Fußminuten). Selbst wenn man mal in eine benachbarte Poyzelle muß, ist das nur ein Katzensprung mit dem Fahrrad. Sogar eine sehr große Fayzelle wird von einem Ende zum anderen kaum je 20 km überschreiten; die übliche Distanz innerhalb einer Fayzelle wird um die 5 km liegen, was 10 bis 20 Minuten mit dem Fahrrad bedeutet. Wenn deine Anwesenheit für eine Weile an einem entfernten Ort notwendig wird (etwa als Ingenieur bei einem Technologieprojekt oder als Lehrer für einen akademischen Spezialisierungskurs), dann wirst du eher vorübergehend in eine Moyzelle dort in der Nähe ziehen, als dauernd hin- und herzupendeln.

Gütertransport/Warenverkehr: Wie schon gezeigt wurde, wird die Produktion reduziert sein. Im Besonderen die Praxis, Güter einige Male um den Globus zu schicken, um irgend etwas herzustellen, nur weil die Arbeiter in weit entfernten Ländern für noch weniger Geld ausgebeutet werden können als der Transport kostet, wird in der Panokratie schlicht und einfach nicht mehr existieren. Der Gütertransport wird aufgrund des Subpräferenzprinzips effektiv reduziert sein: alles, was innerhalb der Zelle produziert oder getan werden kann, wird so durchgeführt; importiert (Güter- oder Serviceanfrage) wird nur dann, wenn es wirklich unausweichlich ist.

Ein Beispiel: Entweder man schafft es, Bananen in der Nähe anzubauen, oder es wird ganz einfach keine geben. Es gibt auch andere vergleichbar nahrhafte und gut schmeckende Nahrungsmittel. Der Aufwand, regelmäßig große Mengen an Bananen von weit her den natürlichen Gegebenheiten zum Trotz zu importieren, läßt sich mit den Vorteilen dieses Luxus in keiner Weise rechtfertigen.

Natürlich wird es ein gewisses Maß an Warenverkehr geben, aber in fast allen Fällen werden die Güter nahezu geradlinig von der Ursprungsquelle zum Endziel reisen.

Der Warentransport wird entweder von Menschen übernommen, die sich dafür verantwortlich fühlen und darin Erfüllung finden, und/oder von Leuten, die einfach das Reisen lieben und denen es nichts ausmacht, ein paar Güter mit auf den Weg zu nehmen. Die verschiedenen Transportmittel (siehe unten) können sogar Leute anziehen, die sie einfach einmal steuern wollen (natürlich erst nach einem hinreichenden Fahrkurs). Dies dürfen sie, wenn sie das Gefährt in der Quellzelle mit Gütern beladen, und in der Zielzelle entsprechend entladen (die Absender und die Empfänger werden ihnen dabei helfen).

Freizeit-, Einkaufs- und Besuchsverkehr: Ab in die Disko, zum Sportverein, ins Theater, zum Einkaufen, Freunde besuchen oder treffen und so weiter, all das erledigt man heute oft mit dem Auto. In der Panokratie kann man dies alles in der Regel aber in der eigenen Moy- oder Poyzelle tun. Du findest alles ganz in deiner Nähe: deine besten Freunde, Leute zum Plaudern oder Flirten, deine Familie, viele verschiedene Freizeiteinrichtungen, das Äquivalent zum Supermarkt (die Warenlager der Zelle)... Aus diesem Grund wirst du für die oben genannten Aktivitäten zwar eventuell mehrere Male am Tag von einer Ecke zur nächsten in deiner Poyzelle wandern, aber nur selten in eine andere Poyzelle oder noch weiter müssen.

Dienstreisen: Können nahezu komplett durch Telekommunikation ersetzt werden.

Urlaubsverkehr: Wird noch vorkommen, und da es kein Geld gibt, wird es eventuell Leute geben, die ihr ganzes Leben lang herumreisen, wenn es ihnen Spaß macht. Die meisten Menschen jedoch werden da wo sie sind einfach so glücklich sein, daß sie weder das Bedürfnis noch den Wunsch haben werden, andere schöne Orte so oft aufzusuchen.

Rettungsverkehr: Abgesehen von der Tatsache, daß Gewalt, Unfälle und gesundheitliche Notfälle sehr viel seltener auftreten werden (und zudem meist weniger dramatisch), verfügt jede Poyzelle über die wichtigsten Rettungseinrichtungen. Bei besonders schweren Notfällen müssen eventuell die besser spezialisierten Einrichtungen der Fayzelle in Anspruch genommen — oder von dort Hilfe angefordert — werden. Es wird so gut wie niemals vorkommen, daß Rettungstransporte noch weitere Strecken zurücklegen müssen.

An dieser Stelle folgen nun ein paar **Beispiele** für Transportarten (es wird sehr wahrscheinlich auch andere geben), wobei jeweils auf den Gütertransport eingegangen wird.

Wandern — alleine als meditative Naturerfahrung oder als Körperertüchtigung, oder in einer Gruppe mit ein paar Freunden. Im Rucksack können kleine Gütermengen mittransportiert werden.

(Proviant braucht eigentlich kaum mitgenommen werden, da Wasser und Nahrung in jeder Zelle an der man vorbeikommt zu haben sind.)

Fahrrad — alleine oder in einer kleinen Gruppe. Güter können im Rucksack oder auf dem Gepäckträger (auch in einer speziellen Gepäckträgertasche) transportiert werden.

Kanu/Paddelboot — möglich, wo es sichere Wasserwege gibt. Eine oder mehr Personen pro Boot, eventuell in einem Bootsverband.

Relativ große Gütermengen können auf diese Weise transportiert werden. (Allerdings sollten stromaufwärts keine großen Lasten an Bord sein, da dies zu kräftezehrend wäre.)

Transportrad/Tretauto — ein Lastrad mit drei oder vier Rädern, eventuell für mehr als einen Fahrer, möglicherweise mit einem Gehäuse als Wetterschutz. Container für den Gütertransport können Teil der Konstruktion sein.

(Die Skizze zeigt ein Tretauto mit einer Plexiglas-Kabine, das allein oder zu zweit gefahren werden kann, zwei große Transportboxen an den Außenseiten neben den Fahrern besitzt, ein einzelnes von den Pedalen angetriebenes Hinterrad und vorn zwei Steuerräder.)

Luftschiff — die Propeller werden von einem Motor angetrieben.

Wird vor allem für Fernstrecken genutzt, kann relativ schwere Lasten bewegen, und ist ein gutes Beispiel für die Kombination von Tourismus, Unterhaltung und Gütertransport.

Es wird mit Sicherheit immer Leute geben, die mit einem Luftschiff fliegen wollen. Auf dem ersten Flug können sie dem Piloten über die Schultern schauen, der ihnen die Steuerung erklärt, und schon auf dem Rückflug können sie es selbst lenken. Sie werden dafür gerne den Lastenraum mit be- und entladen, um dem Spaß gleich noch etwas praktischen Nutzen hinzuzufügen.

B.1.2.7.b. Der Materioport

[S.269f] Für den Transport hat sich Tobi Blubb den sogenannten Materioport ausgedacht, eine Magnetschwebebahn, die sich in einer Röhre fortbewegt.

Zwei Dauermagnetschienen (unten im Bild) balancieren den Wagen über dem Boden, und ein elektromagnetischer Linearmotor (die Deckenschiene im Bild in Verbindung mit elektrischen und elektronischen Komponenten im Wagen) beschleunigt (und bremst) das Gefährt.

Die Röhre soll ein leichtes Vakuum enthalten, für noch weniger Reibungsverluste.

Tobi Blubb schreibt, daß der Materioport nur sehr wenig Energie verbrauchen würde und sehr schnell wäre, also eine gute Erfindung. In Wirklichkeit jedoch würde die Herstellung des Röhrensystems sehr viel Energie und Material verbrauchen. Und um in einer kilometerlangen Röhre auch nur ein ganz leichtes Vakuum zu erzeugen, müßte man Unmengen an Energie verbraten. Trotzdem könnte es einmal verbesserte reibungsarme Transportsysteme geben, bei denen der Nutzen den Produktionsaufwand übersteigt. Ein Röhrensystem hat die Vorteile des Wetterschutzes, reduzierter Geräuschbelastung, und nahezu vollkommener Unfallsicherheit.

B.1.2.8. Weitere Elemente

B.1.2.8.a. Energieversorgung

[S.276] Da mit höchster Wahrscheinlichkeit sehr viel weniger Energie benötigt werden wird (Produktions- und Verkehrsreduktion sowie verbesserte ökologische Technologie), kann nahezu sämtliche Energie auf umweltverträgliche Art gewonnen werden, vor allem durch Sonnenenergie, Windkraft, Wasserkraft, Gezeitenhub und so weiter. Verbrennung wird eventuell auch weiterhin genutzt werden, aber in wesentlich geringerem Maße. Viele hervorragende Erfindungen im Bereich der umweltfreundlichen Energieversorgung werden heute noch nicht genutzt, weil Profitkalkül, bürokratische Gesetze zum geistigen Eigentum und andere Eigenarten des bestehenden Systems dies verhindern.

B.1.2.8.b. Die Welthilfssprache Tjonisch

[S.252ff] Für eine optimale internationale Kommunikation sollte es eine Welthilfssprache geben. Ihre Hauptmerkmale sollten sein:

- leicht erlernbar
- leicht auszusprechen
- kurze kompakte Sätze
- eine Grammatik frei von Ausnahmefällen
- das Vokabular ist logisch kategorisiert
- das Vokabular ist flexibel und erweiterbar
- ein explizites Konnotationssystem (ermöglicht feine Bedeutungsnuancen)

- keine Synonyme (= genau ein Wort pro Bedeutung)
- keine Homonyme (= genau eine Bedeutung pro Wort)
- niedrige Redundanz

Die Schrift sollte folgende Hauptmerkmale aufweisen:
- phonetisch (die Schrift gibt die Aussprache exakt wieder)
- leicht zu lesen
- auch aus größerer Entfernung gut zu lesen
- platzsparend
- die Phoneme (Buchstaben) sind einfache Zeichen
- schnell schreibbar sowohl mit dem Stift als auch per Tastatur

Tobi Blubb hat angeblich eine Sprache namens Tjonisch entwickelt, von der er meint, daß sie allen diesen Kriterien genügt. Er will sie aber erst veröffentlichen, wenn es die ersten panokratischen Zellen in der Realität gibt.

B.1.3. Realisierung

B.1.3.1. Das Subpräferenzprinzip

[S.262] Wenn es darum geht, die Panokratie zu realisieren, sollte es ein wichtiges Prinzip sein, Abhängigkeiten zu minimieren. Statt Hochtechnologie zu importieren, sollte man sich lieber wenn möglich für einfachere Technologien entscheiden, mit der man Hochtechnologisches selbst herstellen kann. Statt täglich den Pizzadienst zu rufen, sollte man lieber ein paar Pflänzchen und Samenkörner kaufen und im eigenen Garten anbauen. Die selbstgemachten Lösungen werden auf längere Sicht für gewöhnlich sehr viel weniger kosten, sie werden gesünder und umweltfreundlicher sein, können relativ leicht an die eigenen Bedürfnisse und Wünsche angepaßt werden und so weiter. Panokratische Zellen sollten immer nach Subsistenz (also wirtschaftlicher Unabhängigkeit) streben.

B.1.3.2. Hybridrealisierung

[S.256f] Die einzig realistische Option, so Tobi Blubb, ist die hybride Lösung: die Panokratie entwickelt sich in Koexistenz mit anderen Systemen (etwa dem Kapitalismus). Irgendwo finden sich 15 bis 50 Leute zusammen und gründen eine Moyzelle, woanders passiert das Gleiche, und wenn die Moyzell-Dichte in irgendeiner Gegend hoch genug dafür geworden ist, schließen sich 15 bis 50 Moyzellen zu einer Poyzelle zusammen. Und so weiter. Das alles muß unter den Gegebenheiten des alten Systems stattfinden. Im Grunde bedeutet die Hybridrealisierung, daß man die Panokratie im Inneren der existierenden panokratischen Gebiete lebt (zunächst frei auf der Landkarte verteilte Zellen), während man nach außen hin den Regeln des alten Systems folgt. Beispielsweise müssen natürlich auch Panokraten für all die Produkte und Dienstleistungen, die von den panokratischen Strukturen noch nicht angeboten werden können, den kapitalistischen Anbietern Geld zahlen. Und deshalb müssen die Zellen Geld verdienen, entweder dadurch, daß manche Panokraten außerhalb als Angestellte in kapitalistischen Unternehmen arbeiten, oder indem Produkte und Dienstleistungen aus der Zelle heraus verkauft werden.

Ein wichtiger Schritt beim Gründen einer Moyzelle stellt der Erwerb eines Landstücks dar, das man frei nutzen kann (also etwa für Landwirtschaft und zum Bauen bzw Renovieren von Wohnhäusern und Arbeitsstätten). Dann muß auf jeden Fall noch das Eigentum jeder Person aufgeteilt werden in Individual- und Gemeineigentum. Beim gemeinschaftlichen Eigentum kann nochmals unterteilt werden in „voll gemeinschaftliches Eigentum" und „bedingt gemeinschaftliches Eigentum", wobei letzteres bedeutet, daß die betreffende Sache der Zelle geliehen wird, jedoch jederzeit vom ursprünglichen Eigentümer zurückgefordert werden kann, insbesondere wenn er eines Tages die Zelle wieder verlassen sollte. Was die Landwirtschaft angeht schätzt Tobi Blubb, daß zwei bis drei Arbeitsstunden pro Tag ausreichen, um die Zelle zu ernähren, wenn die Arbeit auf alle Mitglieder gleichmäßig aufgeteilt wird. Abschließend macht er bezüglich der Hybridrealisierung noch den Vorschlag, daß eine Organisation — etwa eine politische Partei — gegründet werden sollte, um einerseits die Idee der Panokratie zu verbreiten und andererseits die panokratischen Strukturen gegen mögliche Feindseligkeiten seitens des alten Systems zu verteidigen.

B.1.3.3. Revolution, Landesrealisierung

[S.258ff] Für den Fall, daß sich das alte System zum Totalitarismus entwickelt und jede abweichende Bewegung (wie etwa die Panokratie) mit äußerster Gewalt unterdrückt, hat Tobi Blubb ein paar Grundlagen für eine Revolution skizziert. So mächtig ein totalitäres System sein mag, schreibt er, schafft es sich gerade durch seine hierarchische Struktur auch seine schwachen Stellen. Ein zeitgleicher(!) Angriff auf ein paar der wichtigsten Angelpunkte der Macht (Kommunikationskanäle und Fuhrparks von Polizei und Armee, Rundfunksender, Zeitungsdruckereien, wichtige Ämter bis zur Regierung und so weiter) sollten genügen, um es zu Fall zu bringen. Naturereignisse, wie etwa eine totale Sonnenfinsternis, sollten als Startschuß für die Revolution verwendet werden. Dann oder kurz zuvor sollten Flugblätter und ähnliches verteilt werden, die über die kommende Revolution informieren, jeden zur Kooperation auffordern, und darum bitten, sie so oft wie möglich zu kopieren und weiterzuverteilen, wie es sicher ist, ohne erwischt zu werden. Der gezielte Schlag gegen das System soll insgesamt nur zwei volle Tage dauern.

Nach einer erfolgreichen Revolution könnte die Panokratie landesweit eingeführt werden, aber nur, wenn bereits mindestens 80% der Bevölkerung eine positive Einstellung ihr gegenüber haben. Der Rest würde dann sehr wahrscheinlich kooperieren und von den Ergebnissen überzeugt werden. (Falls nicht: siehe oben, „Hybridrealisierung".) Die Panokratie kann nur bestehen, wenn sie den Leuten nicht aufgezwungen wird. Als ein Aufwärtssystem muß sie von *unten* geschaffen werden. Die Herausbildung der Panokratie nach einer Revolution hätte die Vorteile, daß alle Rache gegen die vormals Mächtigen durch die Individualwacht minimiert und die Autarchiegenese neutralisiert würde, und daß ferner die Versorgung mit lebenswichtigen Gütern und Dienstleistungen schnell wiederhergestellt wäre. Ein Problem bei der Landesrealisierung wäre die Gefahr, daß andere Länder aus ideologischen Gründen die Panokratie angreifen könnten.

B.1.3.4. Insel- oder Raumrealisierung

[S.261f] Tobi Blubb erwähnt auch zwei weitere Lösungen, die beide jedoch technisch so kompliziert sind, daß man sie getrost der Science-fiction zuschreiben kann. Die eine Realisierungsmöglichkeit wären sechseckige schwimmende Moyzellen (Floßinseln) mit einem Durchmesser von 300 m, die alles enthalten, was die Menschen zum Leben brauchen. Jede Zelle hat standardisierte Schnittstellen, um mit anderen Zellen verbunden werden zu können, wodurch sie sich quasi zu einem schwimmenden Land zusammenschließen können. Diese Realisierung hätte den Vorteil, an keinerlei existierende Strukturen gebunden zu sein. Eine ähnliche Lösung wäre mit kleinen Raumstationen denkbar.

B.1.4. Ein paar Zahlen zur Veranschaulichung

Um die folgenden Beispiele einfach zu halten, wollen wir mal davon ausgehen, daß die Menschen im Durchschnitt 100 Jahre leben. Heute ist die Lebenserwartung kürzer, man denke aber daran, daß nicht nur der medizinische Fortschritt weitergehen wird, sondern vor allem die heutigen Gesundheitsgefährdungen in der Zukunft deutlich gesenkt werden sollten (etwa Giftkonzentrationen und vom Menschen erzeugte Strahlung in der Umwelt, Unfallgefahren und so weiter).

Menschen insgesamt: 100%	Moy: 25 (15 - 50) Poy: 635 (375 -1250)
Menschen deines Alters ± 2 Jahre: 5%	Moy: 1 (1 - 3) Poy: 31 (19 - 63)
Menschen deines Alters ± 5 Jahre: 11%	Moy: 3 (2 - 6) Poy: 69 (41 - 138)
Menschen deines Alters ± 10 Jahre: 21%	Moy: 5 (3 - 11) Poy: 131 (79 - 263)
Kleinkinder von 0 - 5 Jahren: 3%	Moy: 1 (0 - 2) Poy: 19 (11 - 38)
Ältere Kinder von 6 - 11 Jahren: 3%	Moy: 1 (0 - 2) Poy: 19 (11 - 38)
Jugendliche von 12 - 19 Jahren: 8%	Moy: 2 (1 - 4) Poy: 50 (30 - 100)
Erwachsene von 20 - 49 Jahren: 30%	Moy: 8 (5 - 15) Poy: 188 (113 - 375)
Erwachsene von 50 - 69 Jahren: 20%	Moy: 5 (3 - 10) Poy: 125 (75 - 250)
Greise ab 70 Jahren: 31%	Moy: 8 (5 - 16) Poy: 194 (116 - 388)
Wahrscheinliche Liebespartner[14]: 4%	Moy: 1 (1 - 2) Poy: 25 (15 - 50)

---

[14] (dein Alter ± 10 Jahre, eins der beiden Geschlechter, 40%)

In einer Moyzelle wird alle 2 - 7 Jahre ein Baby geboren; und alle 2 - 7 Jahre entschläft ein Greis einer Moyzelle.

In einer Poyzelle wird alle 29 - 97 Tage ein Baby geboren; und alle 29 - 97 Tage entschläft ein Greis einer Poyzelle.

B.2. Permakultur

Im Gegensatz zur Panokratie gibt es zum Thema Permakultur bereits viele gute Bücher und Websites. Aus diesem Grund werde ich hier nicht so sehr ins Detail gehen, wie in dem Kapitel über die Panokratie geschehen. Zudem ist die Panokratie bisher reine Theorie, und hat meines Wissens nach bis heute nur wenige Tausende Fans weltweit gefunden die Permakultur aber existiert tatsächlich, und wird ständig weiterentwickelt — von Menschen, die sie in ihrem realen Leben umsetzen. Während ich diese Übersicht über die Permakultur schreibe, arbeitet ein anderer Autor möglicherweise schon an einem weiteren sehr guten detailreichen Buch über das Thema; daher empfiehlt es sich (wie schon beim Survival) nach dem ersten Hineinschnuppern hier an dieser Stelle, die verfügbaren und zukünftigen Medien zum interessierten Eintauchen in die Thematik zu nutzen.

Die Permakultur entstand zunächst aus dem Bestreben, Ökologie (Naturschutz) und Ökonomie (Wirtschaft) in der Landwirtschaft zu kombinieren, um gegebene Landflächen dauerhaft nutzen zu können. Die industrielle Landwirtschaft mit ihren verheerenden Auswirkungen auf die Umwelt (Bodenerosion, Verwendung der stärksten vom Menschen hergestellten Gifte, extrem hoher Verbrauch von Energie und Ressourcen, und so weiter) kam vielen Menschen sehr unvernünftig vor, unter ihnen Dr. Bill Mollison und David Holmgren.

Die beiden forschten Mitte der 1970er gemeinsam nach gesunden, nachhaltigen und verantwortungsbewußten Landwirtschaftsmethoden — und schufen damit schließlich (im englischen Sprachgebrauch) die „Permanente Agrikultur", kurz „Permakultur".

Da sie bald auf die Tatsache stießen, daß man Landwirtschaft nicht von sozialen Fragen trennen kann, erweiterte sich die Bedeutung bald zur „permanenten Kultur". Viele Prinzipien, die sie für die Landwirtschaft entdeckt hatten, konnten leicht angepaßt werden, um auf das gesellschaftliche Miteinander angewandt zu werden, oder beeinflußten es bereits (beispielsweise die architektonischen Konzepte).

An diesem Punkt waren die Ziele der Permakultur praktisch mit jenen identisch, die ich für den konstruktiven Utopismus aufstellte. Allerdings legt die Permakultur den Schwerpunkt auf die Ökologie, wie etwa die Panokratie den Schwerpunkt auf die Soziopsychologie legt (vor allem um die Bildung von politischen Machtpyramiden zu vermeiden). Meiner Meinung nach beantwortet die Permakultur viele der bei der Panokratie offen bleibenden Fragen, und umgekehrt. Es könnte eine gute Idee sein, die beiden miteinander zu verbinden. Schauen wir uns nun an, was Permakultur eigentlich ist.

B.2.1. *Mit* der Natur, nicht *gegen* sie!

Dies ist ein wichtiges Prinzip der Permakultur. Ich illustriere das am besten mal. (Nimm das folgende Beispiel aber bitte nicht allzu ernst!) Stell dir vor, du wolltest, daß ein Pferd dir folgt.

Du könntest einfach an seinem Schwanz ziehen. Das wäre für das Pferd natürlich unangenehm, um nicht zu sagen schmerzhaft. Und du müßtest ziemlich viel Kraft gegen es aufwenden.

Schlimmer noch, du riskierst, daß sich das Pferd wehrt.

RUMMS und Gute Nacht!

Hat dir denn niemand gesagt, daß es gefährlich ist, sich hinter ein Pferd zu stellen, und schlichtweg Selbstmord, es am Schwanz zu ziehen?!

Anderer Vorschlag: halte dem Pferd etwas von seinem Lieblingsfutter vor die Nase, und gehe langsam weiter, während du es immer nur ein klein wenig naschen läßt.

Das Pferd wird dem Futter folgen. Dies ist viel weniger gefährlich (aber paß auf deine Finger auf, Pferdezähne sind nicht aus Schaumstoff und ein hungriges Pferd kaut schnell), und viel angenehmer für euch beide. Außerdem funktioniert es viel besser.

Gut, das war eine etwas humorvolle Allegorie, sollte aber dennoch erhellen, was es mit dem „*Mit* der Natur, nicht *gegen* sie!" auf sich hat. Die industrielle Landwirtschaft, wie sie von vielen kritisiert wird, ist wie das Am-Schwanz-Ziehen. Der Trick mit dem Futter dagegen wäre eine permakulturelle Lösung.

B.2.2. Beobachten → Erkennen → Anwenden

Um Lösungen finden zu können, die mit der Natur arbeiten statt gegen sie, verlangt die Permakultur die Anwendung des Grundprinzips der praktischen Wissenschaft:

1. Beobachten der Natur. Wie funktionieren die Dinge und Abläufe in ihr?

2. Erkennen von in der Natur allgegenwärtigen Prinzipien und Strukturen.

3. Anwenden dieser Naturgesetze in der Umweltgestaltung, der Arbeit und der Gesellschaft.

B.2.3. Mehr als nur die Summe

Bei der Permakultur strebt man Lösungen an, die mehr leisten als nur die Summe der Teile. Dies ist für gewöhnlich dann zu erreichen, wenn man nicht nur die einzelnen Elemente eines gegebenen Problems bzw. einer vorgeschlagenen Lösung betrachtet, sondern auch die Zusammenhänge zwischen ihnen. Deswegen kombiniert man meist Ökologie, Bio-Landwirtschaft, Agroforstwirtschaft, Landschaftsgestaltung und Architektur, wobei immer analysiert wird, wie sich diese jeweils gegenseitig beeinflussen.

B.2.4. Ethische Grundwerte

Die folgenden drei Grundwerte sollen befolgt werden:

Für die Erde: schützt und erhaltet unseren Planeten (wir haben vorerst nur diesen einen), für unsere eigene Zukunft und für alle kommenden Generationen; achtet seine Einzigartigkeit und Schönheit

Für die Menschen: findet und nutzt Wege, die es allen erlauben, ein gesundes, glückliches und erfülltes Leben zu haben (für den Anfang könnte man etwa die oft erwähnten Menschenrechte wirklich respektieren)

Faire Verteilung: überschreitet nicht das vernünftige Maß an Konsum und Wachstum (oder schränkt sie ein, wenn sie schon übermäßig sind) und verteilt die Überschüsse (sozial wenn von Menschen benötigt, ansonsten zurück in die Natur)

B.2.5. Beispiele für Gestaltungsprinzipien

Es folgt eine Auswahl wichtiger Gestaltungsprinzipien der Permakultur:

Mehrere Elemente: jede Funktion innerhalb des Systems sollte durch unterschiedliche Elemente gewährleistet werden

Mehrere Funktionen: jedes Element sollte unterschiedliche Funktionen haben

Vielfalt nutzen: verschiedene Elemente in einem System zu haben, garantiert die Nachhaltigkeit durch Redundanz (d.h. wenn mal ein oder zwei Elemente zerstört werden oder sterben, dann gibt es noch andere, die das System weiter erhalten)

Natürliche Entwicklung: man lasse die Dinge (Elemente und das komplette System) sich weiterentwickeln

Selbstregulation und Rückkopplungen einsetzen: viele Dinge in der Natur sind selbstregulierend, daher ist es klug, dies zu nutzen (es bedeutet schließlich, eine stabil funktionierende Struktur einzusetzen), und man minimiert menschliche Eingriffe (Arbeit)

Übergangszonen optimieren: wo verschiedene Elemente aufeinandertreffen, wo es Übergangszonen gleich welcher Art gibt, ist meist eine besonders aktive und produktive Zone

Natürliche Ressourcen: man nutze, was bereits vorhanden ist (anstelle von komplizierten und arbeitsaufwendigen Alternativen)

Energie auffangen und speichern: auf der ganzen Welt sind die wichtigsten Ressourcen Wasser, Humus, Saatgut und Bäume

Müll vermeiden: Müll erzeugen? Vermeide es! Geht nicht? Verringere es! Geht nicht? Verwende es wieder! Geht nicht? Repariere es! Geht nicht? Recycle es!

Kleine und langsame Lösungen bevorzugen: denn diese lassen sich viel besser kontrollieren

Vom Groben zum Feinen planen: denke von oben nach unten (beginne mit dem System, definiere seine Hauptelemente, dann deren Teilelemente und so weiter), handle von unten nach oben (implementiere die realen kleinen Dinge, um das abstrakte große System aufzubauen)

B.2.6. Zonierung

Das letzte Permakultur-Konzept, das ich hier vorstellen möchte, ist die Zonierung. Nehmen wir zum Beispiel das Haus eines Bauern. Es wäre sinnvoll, diejenigen Pflanzen nah am Haus zu plazieren, welche die meiste Pflege brauchen und/oder am häufigsten geerntet werden (etwa Gemüse und Kräuter), und dafür solche weiter weg zu pflanzen, die weniger oft aufgesucht werden müssen (etwa Bäume). Und deswegen macht man das auch genau so in der Permakultur. Für gewöhnlich wird ein Modell mit 6 Zonen verwendet, wobei die Zählweise bei Null beginnt. Die Zonen 1 bis 5 formen konzentrische Ringe (beliebiger Form) um die Zone 0 in der Mitte. Eine Beispielzonierung könnte etwa wie folgt aussehen:

Zone 0 — Der Wohnbereich: Der Ort, and dem man lebt (in manchen abstrakten Betrachtungsweisen inklusive der Menschen).

Zone 1 — Rings um das Haus: Der Bereich um das Haus, mit den Elementen, die am häufigsten aufgesucht werden müssen (zB Kräuter und manche Gemüse).

Zone 2 — Gemüsegarten: Hier befindet sich, was weniger intensive Pflege braucht, etwa Salate, Kohl und Wurzelgemüse. Auch Komposthaufen würde man hier anlegen.

Zone 3 — Äcker, Bäume, Wiesen: Noch weniger Pflegeaufwand, etwa Kartoffeln, Getreide, Obst- und Nußbäume. Wiesen für die Erholung.

Zone 4 — Halbwildnis: Hierhin geht man relativ selten. Nutzholz und Teiche. Vielleicht noch ein paar Obst- und Nußbäume sowie Wiesen.

Zone 5 — Wildnis: Keine menschlichen Eingriffe mehr hier draußen! Nur zur Beobachtung und Erholung aufsuchen.

B.3. Efórams

Nachdem ich mich mit der Panokratie, der Permakultur und diversen weiteren utopischen Konzepten (die nicht gut genug waren, um hier erläutert zu werden) beschäftigt und viele Diskussionen mit Anderen zum Thema gehabt hatte, schienen mir noch immer wichtige Dinge zu fehlen, um ein rundes Ganzes zu erhalten. Nachdem ich über die letzten Jahre ein sehr breit gefächertes Spektrum relevanter Bücher las und mit wissenschaftlichen Modellen und meiner Vorstellungskraft herumspielte, entwickelte ich schließlich Antworten, die zunächst sehr einfach klingen mögen, jedoch aber so etwas wie die goldenen Schlüssel zu einer unter jedweden Umständen optimal funktionierenden Gesellschaft sein könnten. Meine Definition einer guten Lösung lautet, daß sie *einfach sein* muß, *leicht zu verstehen* und *leicht anzuwenden*. Die letzten Schritte meiner Reise bestanden folglich darin, ein einfaches Modell für ein derart komplexes Gebilde wie eine Gesellschaft zu formulieren. Ich werde hier nun also lediglich zwei neue Wörter mit ihrer jeweiligen Bedeutung einführen, sowie vier Grundregeln zum Verhältnis beider Konzepte zueinander. Anschließend werde ich ein paar detaillierte Beispiele für ihre Umsetzung geben. Du wirst das Konzept vermutlich erst nach dem Durchlesen mehrerer Beispiele wirklich verstehen; die abstrakten Definitionen allein werden zunächst wohl noch kein Aha-Erlebnis bringen — die folgenden Kapitel dagegen sollen nach und nach ein bildhaft-greifbares Verstehen ermöglichen.

= EFORAM =

Wortherkunft: Akronym für die inhaltlich schwer korrekt übersetzbare englische Formulierung „essential field of responsibility and mastery" (etwa „essentieller Meisterbereich, der Verantwortung verlangt") → *der* Eforam

Aussprache: wie „Ehfóhramm" (betont auf dem O)

Definition: einer der Wissen und Erfahrung erfordernden Aufgabenbereiche, die notwendig sind, um eine Gesellschaft beliebiger Größenordnung dauerhaft zu erhalten

Synonym: Foram

= VERSPON =

Wortherkunft: <u>ver</u>antwortliche <u>sp</u>ezialisierte Pers<u>on</u> → *die* Verspon

Aussprache: wie „Wehrs-ponn"

Definition: eine Person, die sich einem Eforam verpflichtet, die Verantwortung für ihn übernimmt und als Ansprechpartner für ihn bereitsteht

Synonym: Respom (Englisch: „<u>res</u>ponsible <u>m</u>aster" = verantwortlicher Meister)

Grundlegende Regeln zu den Eforams:

1. Jeder Eforam braucht mindestens eine Verspon!
2. Jeder Eforam kann beliebig viele Verspons haben.
   Ja, sogar *alle* Personen aus einer gegebenen Gruppe!
3. Jede Person kann Verspon jedes beliebigen Eforams sein!
   Aber niemand muß unbedingt eine Verspon sein!
4. Jede Person kann Verspon beliebig vieler Eforams sein.
   Ja, sogar von *allen*!

Bis hierhin war das alles ziemlich abstrakt. Was aber bedeuten Eforams und Verspons im wirklichen Leben? Ein paar illustrierende Beispiele:

- Ein Freund hat dir ein witziges Buch empfohlen, und du willst es nun lesen. Du gehst zu einer Verspon des Eforams „Mediathek". Wenn das Buch in der Mediathek (zB jener der Poyzelle) ist, dann wird sie es dir geben und sich einen Verleihvermerk notieren. Wenn es nicht verfügbar ist, wird sie es bestellen und dich informieren, sobald es angekommen ist.
- Du würdest gerne Bergsteigen lernen, kennst aber niemanden mit diesem Hobby. Du gehst zu einer Verspon des Eforams „Bildung", die einen Lehrer für dich finden, oder, falls es mehrere Interessenten gibt, einen Kurs organisieren wird.
- Du bist eine Verspon des Eforams „Sicherheit". Auf einem Spaziergang am Tag nach einem Sturm siehst du, daß ein entwurzelter Baum sich gefährlich über einen Pfad neigt. Du beeilst dich, Warnsignale aufzustellen, und suchst dir dann Hilfe, um den Baum entweder zu entfernen oder zu stabilisieren.
- Jemand hat sich mit einem scharfen Werkzeug schwer verletzt. Rufe eine Verspon des Eforams „Notfallmedizin" herbei!
- Du bist eine Verspon des Eforams „Nahrung". Deine Erfahrung des letzten Jahrzehnts sagt dir, daß in ein paar Monaten weniger Tomaten im Lager sein werden, als zu dieser Jahreszeit meist konsumiert werden. Zum einen fragst du die Leute, die in den Gärten arbeiten, ob sie die Produktion erhöhen können, zum anderen stellst du eine Import-Anfrage ins Netzwerk (Überschußverteilung).

Wie du siehst, sind Eforams in etwa mit Berufen vergleichbar; es gibt aber auch wichtige Unterschiede. Weitere Beispiele in den einzelnen Kapiteln zu den verschiedenen Eforams.

Das Konzept der Eforams kann schon in kleinsten Survival-gruppen (sogar im Einzelsurvival) angewendet werden, aber auch bis hin zu einer gesamten Weltbevölkerung. Wo es um eine komplexe Gesellschaft geht, wäre allerdings die panokratische Poyzelle größenmäßig die ideale Ebene für die Eforams. Im Rahmen der folgenden Erläuterungen werde ich eine poyzellartige Struktur mit „die Kommune" bezeichnen. Vergiß aber nicht: die gleichen Eforam-Prinzipien, die hier vorgestellt werden, funktionieren in jedem Maßstab, sei es ein kleines Expeditionsteam von 5 Leuten, oder eine maximal große Poyzelle von 2500.

Die Eforams stellen ein Modell dar, das es erlaubt, die *Gesellschaft* selbst leicht zu verstehen und leicht instand zu halten, während zugleich die Lebensqualität Aller maximiert wird, sämtliche Ressourcen (Menschen, Informationen, Material, Strukturen, ...) optimal genutzt werden und Willkür vermieden wird. Die Eforams garantieren ein hohes Maß an Selbstregulation in der Gesellschaft, und machen sie damit stabil.

Bevor wir im folgenden einen genaueren Blick auf eine Beispiel-Eforams-Liste werfen, möchte ich darauf hinweisen, daß eine solche Liste für eine gegebene Kommune zu erstellen und zu verwalten bereits die Aufgabe eines Eforams ist, das man „Stabilität" nennen könnte. Meine Beispielliste mag manchem dilettantisch oder unvollständig vorkommen, aber der Sinn eines Eforams „Stabilität" ist ja gerade, daß jeder, der sich dazu berufen fühlt, die Liste verbessern und erweitern kann, ja sollte. Hier möchte ich lediglich ein paar Eforams vorstellen, die wahrscheinlich in fast jeder Eforams-basierten Kommune existieren werden.

B.3.1. System-/Kernforams

Die Kernforams **Stabilität**, **Bildung** und **Konfliktlösung** bilden das Fundament einer auf Eforams aufbauenden Organisation. Da sie eine so wichtige Rolle spielen, werden sie etwas detaillierter beschrieben als die restlichen Eforams.

B.3.1.1. Stabilität (Eforams und Verspons)

Eine Gesellschaft ist ein komplexes System, das nicht von einer einzelnen Person verwaltet (oder auch nur vollständig verstanden) werden könnte. Man kann sie jedoch in Subsysteme aufgliedern, die klein genug sind, daß sie von Menschen hinreichend gut verstanden und verwaltet werden können, um ein gut funktionierendes und auch auf lange Sicht stabiles Ganzes zu garantieren.

Der Foram „Stabilität (Eforams und Verspons)" ist eines dieser kleineren Subsysteme, hebt sich von den anderen aber insofern ab, als er auf einer Meta-Ebene sowohl auf das System als Ganzes als auch auf all die Subsysteme schaut. Kybernetisch gesprochen implementiert dieser Eforam eine effektive Selbstregulation, sowie eine Intelligenz für das System als Ganzes. Aber mit all diesen theoretischen Überlegungen brauchst du dich eigentlich gar nicht herum zuschlagen — es sei denn, du willst Verspon dieses Eforams werden.

Als Verspon für „Stabilität (Eforams und Verspons)" lauten deine Aufgaben:

1. **Ermittle, welche Eforams gebraucht werden.** Ein kleines Expeditionsteam braucht eventuell weniger und andere Eforams als eine große Kommune. Wenn das Alltagsleben nicht so richtig rund läuft, sind vielleicht Anpassungen nötig. Füge neue Eforams hinzu oder teile bestehende in etwas übersichtlichere Verantwortungsbereiche auf.

2. **Stelle sicher, daß für jeden Eforam immer genügend Verspons da sind.** Jeder Eforam braucht mindestens eine Verspon. Aber je nach Größe der Kommune, der allgemeinen Situation und dem Wissen, den Erfahrungen und anderer Eigenschaften der Verspons sind für manche Eforams eventuell mehrere Verspons vonnöten. Aber auch sonst sollte unbedingt vermieden werden, daß irgendein Eforam nur eine einzige Verspon hat. Warum? Nun, wenn diese mal krank wird, in eine andere Kommune überwechselt oder stirbt, dann ist gleich der ganze Eforam auf unbestimmte Zeit auf Eis gelegt. Deshalb sollte immer mindestens eine „Reserve"-Verspon mit ausreichend Wissen und Erfahrung bereitstehen, um bei Bedarf übernehmen zu können. Du solltest eine Liste (oder Datenbank) pflegen, in welcher du zu allen Bewohnern der Kommune notierst, wie ihre eforamsbezogenen Interessen, Kenntnisse, Fähigkeiten und Erfahrungen ausgeprägt sind. (Was dich auch gleich dazu qualifizieren könnte, die Statistiken über Geburten und Todesfälle in der Kommune zu führen.)

Neue Verspons für Forams zu finden ist normalerweise nicht wirklich schwer, da Menschen sehr verschieden sind: für jeden Foram wirst du Menschen finden (zumindest in einer Poyzelle), die sich dafür interessieren. Selbst bei Tätigkeiten, welche die meisten Menschen auch auf Anordnung kaum tun würden, wird es doch ein paar wenige geben, die sie freiwillig und voller Stolz tun, weil sie wichtig sind. Manche Menschen arbeiten gerne als Spezialisten nur in einem Bereich, andere mögen ein breites Aufgabenspektrum. Manche Menschen kommunizieren gerne und viel, andere sind eher schüchtern oder arbeiten am liebsten alleine. Manche Menschen arbeiten gerne jeden Tag viele Stunden, andere ziehen dem ein entspannteres Leben vor, und wieder andere brauchen Tage oder gar Wochen Schöpfungspause, nur um dann in einem kreativen Arbeitsanfall geradezu zu explodieren. Dies zu tolerieren und das Beste aus diesen so vorliegenden Ressourcen zu machen, ist der Schlüssel zum Eforams-Verspons-System.

3. **Motiviere die Verspons wenn nötig.** Ein Foram wird nur dann gut funktionieren, wenn die Verspons motiviert sind. Das ist dann der Fall, wenn ihre Aufgabe ihnen Freude bereitet und sie einen gewissen Stolz empfinden, etwas Wichtiges für die Kommune zu tun, das nicht jeder so gut zu tun in der Lage wäre. Wenn eins von beiden (Freude oder Stolz) fehlt, könnte die Verspon den Foram vernachlässigen, was offensichtlich dem Verantwortungsprinzip der Eforams zuwiderliefe. Ehe dies geschieht, solltest du mit ihr reden, und vielleicht einen zusätzlichen Foram vorschlagen, der ausgleichend wirkt. Wenn die Person aber einfach überlastet ist, solltest du zusammen mit ihr auf die Suche nach einem zusätzlichen Verspon-Partner gehen.

Als Kommunenbewohner gehst du in folgenden Fällen zu einer Verspon für „Stabilität (Eforams und Verspons)":

1. **Du möchtest wissen, wer Verspon eines bestimmten Eforams ist.** Die Stabilitäts-Verspon hat immer die aktuelle Liste aller Eforams mit ihren jeweiligen Verspons.

2. **Du bist neu in der Kommune.** Die Stabilitäts-Verspon wird dich zu deinen eforamsbezogenen Interessen, deinem Wissen, deinen Fähigkeiten und deiner Erfahrung befragen und sich dazu Notizen machen. Außerdem bekommst du die aktuelle Eforams-Verspons-Liste. Falls Bedarf an Verspons besteht und du passen könntest, wirst du eingeladen werden, Verspon eines Eforams zu werden (oder zumindest anzufangen für ihn zu lernen).

3. **Du hast dich entschieden, Verspon eines Eforams zu werden.** Die Stabilitäts-Verspon wird die Eforams-Verspons-Liste entsprechend aktualisieren und eventuell ein Treffen mit den anderen Verspons deines neuen Eforams organisieren.

4. **Du bist Verspon eines Eforams, aber nicht glücklich damit.** Die Stabilitäts-Verspon wird mit dir zusammen deine Probleme diskutieren und versuchen, Lösungen zu finden.

5. **Du bist Verspon eines Eforams, mußt aber die Kommune für eine Weile verlassen.** Die Stabilitäts-Verspon wird in der Eforams-Verspons-Liste einen entsprechenden Vermerk eintragen, und sich eventuell nach einer Vertretung für dich umschauen.

6. **Du hast dich entschieden, von einem Eforam zukünftig nicht mehr Verspon zu sein.** Die Stabilitäts-Verspon wird die Eforams-Verspons-Liste entsprechend aktualisieren und sich eventuell nach einem Nachfolger für dich umschauen.

7. **Du findest, daß eine Verspon ihre Arbeit zu schlecht macht.** Die Stabilitäts-Verspon wird sich deine Schilderungen anhören und dann, falls wirklich nötig, mit der betreffenden Verspon reden, um eine Lösung zu finden (die Arbeitsqualität zu steigern).

Dieses Kapitel und die folgenden sind ein Beispiel für einen Teil der in diesem Eforam anfallenden Arbeit — die theoretische Aufstellung der Eforams. Sobald ein gut funktionierendes Eforams-Set gefunden wurde, brauchen andere Kommunen dieses nur noch zu übernehmen, wobei allenfalls kleinere Anpassungen nötig sind. Die praktische Verwaltung von „Stabilität (Eforams und Verspons)" aber wird immer die engagierte und weise Arbeit einer Verspon erfordern.

B.3.1.2. Bildung

Um Probleme jedweder Art lösen zu können, sei es als Verspon oder im sonstigen Alltag, benötigt man sowohl Wissen als auch die Fähigkeit, Dinge und Situationen analysieren und verstehen zu können. Dies wird dem Neugeborenen nicht in die Wiege gelegt, sondern muß Schritt für Schritt erlernt werden. Allerdings gibt es unzählige wißbare Dinge, man hat aber nur eine begrenzte Zeit zum Lernen, und nicht alles ist für jeden Menschen gleich bedeutsam. Ein Eforam, „Bildung", stellt sicher, daß jeder das für ihn wichtigste Wissen und den höchstmöglichen Intelligenzgrad (die Fähigkeit, neue Probleme zu lösen) so schnell wie möglich erwerben kann.

Als Verspon für „Bildung" lauten deine Aufgaben:

1. **Sorge dafür, daß sich das Rad des Wissens stets weiter vorwärts dreht.** Dies ist natürlich eine Metapher. Das Rad des Wissens hat vier Stufen:

Zuerst lernt man etwas Neues. Dann wendet man es in seinem Leben an, etwa bei der Arbeit, in der Kunst oder in der Forschung. Aus den Erfahrungen heraus kann man die Informationen möglicherweise verbessern, ehe man sie der nächsten Generation weitergibt, die sie ihrerseits anwenden, verbessern und lehren wird, und so weiter. Als Verspon für „Bildung" überwachst du diesen Prozeß.

Vor allem heißt dies, daß wertvolles Wissen, wenn es nur noch bei einer handvoll älterer Menschen vorhanden ist, baldigst an jüngere Kommunenmitglieder weitergegeben oder für spätere Generationen aufgezeichnet (zB niedergeschrieben) werden sollte. Sonst könnte das Wissen mit dem Tod der Alten verloren gehen. Bitte die Alten, ihr Wissen zu lehren oder aufzuzeichnen, und finde junge Menschen, die sich dafür interessieren lassen, es zu lernen. Stelle sicher, daß sich alle des Rads des Wissens und seiner Bedeutung bewußt sind, und daß jeder die besten Methoden zur Überprüfung von Theorien (also wissenschaftliche Prinzipien) kennt und anwendet.

2. **Führe alle Verspons zur meisterhaften Beherrschung ihrer Eforams.** Niemand wird als Meister irgendeines Faches geboren. Wenn jemand eine Verspon werden möchte, stelle sicher, daß die alten Verspons ihm alles lehren, was sie über den Foram wissen, und ihn Schritt für Schritt eigene Erfahrungen sammeln lassen, wo er keinen großen Schaden anrichten kann. Zusätzlich — oder ausschließlich, falls der Foram ganz neu eingeführt wurde — solltest du den Schüler mit Lernmaterialien versorgen (Bücher, Filme, Computersoftware). Organisiere Treffen von Verspons mehrerer Kommunen aber gleicher Eforams zum Erfahrungsaustausch. Wenn etwa in der Panokratie die Poyzelle in Eforams organisiert ist (wie ich empfehlen würde), wären alljährliche Fay-Treffen (etwa 25 Verspons bzw. Verspon-Teams) eine gute Idee.

3. **Sorge dafür, daß jedes Kind alles Wichtige lernt.** Dazu mußt du natürlich zunächst einmal definieren, was das wichtige Wissen ist. Dies wird vom Alter des Kindes abhängen. Junge Kinder müssen lernen, Gefahrenquellen zu meiden (scharfe und spitze Objekte, Gift, bestimmte Tiere, usw) und grundlegende Hygiene zu betreiben.

Später können sie einen achtsamen Umgang mit Werkzeugen lernen, sowie mehr und mehr selbst für ihre Bedürfnisse zu sorgen. Nachdem sie das Sprechen gelernt haben, sollten Lesen und Schreiben folgen (so natürlich wie bei der verbalen Kommunikation geschehen). Wenn sie in der Lage sind, abstrakte Konzepte zu verstehen (wenn sie etwa Gefallen daran finden, Rätsel zu lösen), sollte man ihnen Hilfsmodelle und -methoden nahebringen, wie Mathematik, Informatik, Kybernetik und Linguistik. Praktisches Survivalwissen sollte schon sehr früh gelehrt (und, wie bei jedem Fach, im Laufe der Jahre mit immer mehr Details vertieft) werden. Das Wissen über den menschlichen Körper (Physiologie, einschließlich Sexualwissen) und Geist (Psychologie) ist so grundlegend wichtig wie das Wissen über die Welt (Physik, Chemie, Biologie, Geographie, Astronomie). Einfache ethische Prinzipien werden zu den ersten Dingen gehören, die ein Kind lernt; aber erst später mit dem Höchstmaß an Reflektion und Begreifen — der Philosophie — wird es möglich sein, Ethik wirklich zu erklären. Wenn das Kind die Reife entwickelt, bald selbst Verspon zu werden, sollte es soziologisches Wissen (Geschichte, Ethnologie) vermittelt bekommen, und wie das Eforams-Verspons-System und andere Prinzipien der Gesellschaft funktionieren.

Das Wichtigste allerdings ist der Autodidaktismus: die Fähigkeit, selbständig zu lernen. Lesen und Schreiben zu können sind ein elementarer Teil davon, jedoch sollte man zudem wissen, auf welche Art man am besten lernt, wie man aus der Unmenge an verfügbaren Informationen das nächst zu Lernende herausfiltert, und wie man seine geistigen Kapazitäten durch externe Schriftnotizen und Handzeichnungen erweitert und verbessert (was zugleich des Organisierens bedarf). Autodidaktismus und Heuristik (Denkwerkzeuge zum Problemlösen) zu lehren, gibt dem Schüler das wertvollste Fundament der Selbständigkeit.

Du als Bildungs-Verspon kannst der Lehrer sein, aber dies ist nicht Voraussetzung. Deine Aufgabe ist in erster Linie, die Weitergabe von Bildung zu steuern, und zu diesem Zweck reicht es aus, Lehrer und Schüler zusammenzubringen und mit ihnen gemeinsam die Lernfortschritte zu diskutieren.

Nicht alles Lernen bedarf eines Lehrers im engeren Sinne. Im Grunde kann man während seines normalen Alltags praktisch alles quasi nebenbei lernen. Allerdings ist es nicht sehr wahrscheinlich, daß dies in allen wichtigen Bereichen geschieht. Als Bildungs-Verspon solltest du das Wissen der Menschen prüfen, eventuell unter Mithilfe eines Meisters in dem betreffenden Fach. Wenn eine Bildungslücke offenbar wird, solltest du Lernmaterialien organisieren, und eventuell auch Einzel- oder Gruppenunterricht. Es ist zudem deine Aufgabe, die Schüler zum Lernen und die Wissenden zum Lehren zu motivieren.

4. **Optimiere das Lernen.** Wann immer jemand (Kind oder Erwachsener) etwas lernen muß oder möchte, sorge für die bestmöglichen Lerngegebenheiten. Versorge ihn mit Lernmaterialien, finde einen Lehrer für den Lernwilligen, plane und organisiere einen Kurs mit dem Lehrer wenn es mehrere Schüler gibt, und wenn jemand einen Vortrag über ein Thema halten möchte, organisiere einen Raum und informiere alle möglicherweise interessierten Personen (bewerbe den Vortrag). Es ist außerdem deine Aufgabe, die besten Lern- und Lehrmethoden zu entwickeln, zu sammeln, zu erforschen und zu überprüfen.

Als Kommunenbewohner gehst du in folgenden Fällen zu einer Verspon für „Bildung":

1. **Du möchtest etwas lernen, konntest aber nicht genügend Lernmaterialien oder einen Lehrer finden.** Die Bildungs-Verspon wird organisieren, was du brauchst, und dich informieren, wenn die Lernmaterialien zur Verfügung stehen oder ein Lehrer gefunden werden konnte. Wenn du nicht der einzige an diesem Thema Interessierte bist, wird die Bildungs-Verspon vielleicht auch eine Klasse organisieren, die dann zusammen lernen kann.

2. **Du hast etwas Neues erfunden, und möchtest es der Kommune vorstellen.** Die Bildungs-Verspon wird einen Vortrag organisieren, in dem du deine Ideen präsentieren kannst, und ihn bewerben.

3. **Du findest, daß jemand eine größere Bildungslücke hat**. Die Bildungs-Verspon wird die Person testen, und falls sie wirklich eine Bildungslücke hat, motivieren, diese durch Lernen zu schließen. Die Bildungs-Verspon wird organisieren, was der Schüler dazu benötigt.

Ein paar Beispiele für Bildungs-Theorie:

- Das Lernen wird manchmal als Prozeß beschrieben, der eine Person in Bezug auf eine bestimmte Fähigkeit über vier Stufen leitet:

    1. *nichtgewahres Nichtkönnen:* die Person ist sich nicht bewußt, etwas Bestimmtes nicht zu können (da sie es nicht kennt) — die Stufe der Unwissenheit

    2. *gewahres Nichtkönnen*: die Person hat erkannt, daß sie etwas (noch) nicht kann, was einem Menschen möglich wäre — die Stufe des theoretischen Lernens

3. *gewahres Können*: die Person hat die neue Fähigkeit gelernt, benötigt für sie aber noch viel bewußte Kontrolle und Konzentration — die Stufe des praktischen Übens

4. *nichtgewahres Können*: die Fähigkeit ist zu einem natürlichen Teil der Person geworden, und erscheint ihr als quasi „von selbst ablaufend" — die Stufe der Meisterung

• Ein Lehrer sollte die Schüler während einer Lektion durch sechs Phasen geleiten:

1. *Zeige warum!* — Der Lehrer sollte ein Beispiel wählen, das für die Schüler eine Bedeutung hat, und ihnen zeigen, was sie (noch) nicht tun können, wohl aber der Lehrer. Die Schüler sollten geradezu quengelig neugierig gemacht werden, die Fähigkeit des Lehrers auch zu lernen.

2. *Erkläre wie!* — Wenn die Schüler wißbegierig genug sind, wird der Lehrer die Theorie erklären, und mehrmals die praktischen Schritte vorführen.

3. *Lasse nachahmen!* — Dann machen die Schüler gemeinsam das erste Beispiel des Lehrers nach, und vielleicht noch einmal jeder für sich allein, bis sie verstehen, wie es funktioniert.

4. *Lasse experimentieren!* — Im Anschluß sollte eine Phase folgen, in der sie selbständig mit der neuen Theorie und den neuen Fähigkeiten herumexperimentieren können. Fallen ihnen eigene Beispiele und Anwendungsfälle ein? Vielleicht sogar weitere Regeln, oder Fragen zur Theorie?

5. *Lasse üben!* — Die neue Fähigkeit bzw. das neue Wissen sollte nun anhand verschiedener Beispiele geübt und vertieft werden. Wenn jemand noch immer Probleme hat, wird der Lehrer ihm weiterhelfen, aber nur soweit wie unbedingt nötig (keine Lösung verraten, nur Hinweise geben und die Theorie erläutern).

6. *Diskutiert ungezwungen!* — Am Ende der Lektion sollten Schüler und Lehrer ganz locker miteinander über das neu Gelernte plaudern. Wie können es die Schüler in ihrem Leben anwenden? Wie wurde es erfunden, wann und von wem? Möchten die Schüler später noch mehr an Ähnlichem lernen? Und so weiter.

- Bei allen komplexen Dingen ist die beste Methode, sie zu studieren und zu verstehen, das „Abtauchen-dann-Aufsteigen":

  1. *„Abtauchen"* bedeutet Hineinzoomen, vom direkt Sichtbaren immer mehr ins Detail gehen — in diesem Schritt wird die <u>Struktur</u> eines komplexen Systems analysiert, und zwar in der Form „... *und es besteht aus den Teilen A, B, C; Teil A wiederum besteht aus den Teilen A1, A2, A3, Teil B besteht aus ...*" und so weiter.

  2. *„Aufsteigen"* bedeutet Herauszoomen, in Gedanken Detail für Detail zusammenzusetzen, um so Schritt für Schritt das Ganze aufzubauen — hierbei wird die <u>Funktionsweise</u> jedes Details erläutert, beginnend mit dem Kleinsten; wenn man verstanden hat, wie A1, A2 und A3 funktionieren, kann man auch verstehen, wie und warum A funktioniert, und so weiter.

B.3.1.3. Konfliktlösung

Natürlich wäre es prima, wenn die Menschen einfach in Harmonie leben würden und es keinerlei Konflikte gäbe. Aber das ist ein unrealistischer Wunschtraum. Probleme wird es immer geben, und immer wieder werden Konflikte auftreten. Von Zeit zu Zeit wird etwa die Natur selbst Probleme bereiten — in Form von Trockenperioden, Überflutungen, Erdbeben, heftigen Stürmen, Vulkanausbrüchen, vielleicht sogar Meteoriten und so weiter. Statt sich hinzusetzen und sich zu wünschen, daß nichts von diesen Dingen eintreten möge, sollte man lieber Vorkehrungen treffen für den Fall, wenn sie eintreten. Ganz analog wird es auch in der besten Gesellschaft immer wieder zu Konflikten kommen: zwei Menschen streiten sich um eine Ressource oder darum, wessen Theorie der Wahrheit entspricht, ein Mensch fühlt sich hin- und hergerissen zwischen seiner alten und einer neuen Kommune, ein anderer ist deprimiert, und so weiter. Statt sich wiederum hinzusetzen und sich zu wünschen, daß nichts davon je geschieht, sollte man auch hier Vorkehrungen für das Eintreten treffen, um die Schäden so gering wie möglich zu halten. Man kann Konflikte nicht abschaffen, wohl aber in Zahl und Ausmaß minimieren. Dies ist besonders wichtig, da Konflikte in Gesellschaften immer weiter anwachsen können, wenn sie nicht richtig behandelt werden. Der Kern-Eforam „Konfliktlösung" ist nun genau dafür da, die Wogen zu glätten. Wie bei jedem Foram heißt das aber nun nicht zwangsläufig, daß seine Verspons die ganze Sache allein auf ihre Schultern nehmen und alle Anderen achtlos miteinander umgehen („Die Konfliktlösungs-Verspons werden es schon richten..."). Vielmehr wird der Konfliktlösungs-Foram mit dem Bildungs-Foram zusammenarbeiten, um jedermann die besten Konfliktlösungsmethoden für den Alltag zu lehren, und nur in Ausnahmefällen persönlich eingreifen.

Als Verspon für „Konfliktlösung" lauten deine Aufgaben:

1. **Hilf Menschen aus psychischen Problemen.** Wenn jemand psychische Probleme hat, die er selbst nicht bewältigen kann, etwa eine ernste Depression, störende Phobien, Schlaf- und Traumprobleme, Panikattacken, Gedächtnisschwierigkeiten o.a., benötigt er eine Therapie, um wieder zu einem normalen und freudefähigen Leben zurückzufinden. Ein schwerwiegendes, von einer Person allein nicht auflösbares Problem beeinträchtigt auch ihre Arbeit und sozialen Kontakte. Deine Aufgabe ist es, die betroffene Person mit der besten dir möglichen Therapie zu behandeln, so daß sie so bald als möglich die Störung überwinden kann. In manchen Fällen mag eine Einzelsitzung genügen, bei anderen wird vielleicht eine längerfristige Therapie oder sogar (im schlimmsten Fall) eine lebenslange Unterstützung notwendig sein. Psychische Probleme deuten möglicherweise auf zu wenig Freuden, Gesundheit oder Sinn im Leben der Person hin, oft aufgrund von Konflikten zwischen ihrem Wollen und dem, was sie und/oder die Gesellschaft als akzeptables Verhalten ansieht. Wenn dies der Fall ist, dann hilf der betroffenen Person, ihre Situation zu analysieren und alternative Lösungen zu finden, um ihre inneren Konflikte zu lösen. Wahrscheinlich müssen andere Personen mit in die Therapie einbezogen werden, da sie Teil der Probleme und/oder Lösungen sein können.

2. **Schlichte außer Kontrolle geratene Streitigkeiten.** Menschen streiten sich meist über eine der folgenden drei Sachen: Ressourcen („Deins oder meins?"), Theorien („Wer hat recht?") oder Verhalten („Tu dies nicht!" / „Tue jenes!"). Diese drei Arten von Streit können jeweils unterschiedliche verborgene psychologische Komponenten neben dem offen diskutierten Streitgegenstand haben.

Zum Lösen von Streits (etwa auch unter Verspons) ist es immens wichtig, zwischen der psychologischen Beziehungs-Ebene und der eigentlichen Streitsache zu unterscheiden (bzw. als Schlichter den Parteien genau dabei zu helfen). Es ist zudem hilfreich, nicht um feste, miteinander in Konflikt stehende Forderungen oder Positionen zu rangeln, sondern die Interessen beider Parteien zu analysieren, die sie zu ihrer jeweiligen Position führten. Sehr oft können gemeinsam alternative Lösungen entwickelt werden, die für beide Parteien viel besser sind, als die jeweils einzeln für sich gefundenen Positionen. Dein Hauptinteresse als Verspon für „Konfliktlösung" liegt darin, den streitenden Parteien als Vermittler und Berater dabei zu helfen, die beste Zwei-Gewinner-Lösung zu finden: eine Lösung also, die beiden Seiten gefällt (sowohl in der Sache selbst als auch was die psychologische Beziehungs-Ebene angeht).

Dazu kannst du gewissermaßen den Moderator spielen, kreative Lösungen vorschlagen (oder die Streitenden durch geschickte Hinweise so führen, daß sie eigene finden) und allzu aufgebrachte Personen wieder beruhigen. Wissen und Erfahrung in Psychologie, Kommunikation sowie Heuristik sind dazu nötig.

Falls viele Menschen mit jeweils anderen Meinungen aufeinandertreffen, solltest du Methoden einführen und leiten, die geeignet sind, die beste Lösung für ein Gruppenproblem zu finden (direkte Demokratie); also etwa mehrere iterative Durchgänge von Brainstorming (jeder kann Lösungen vorschlagen und erläutern), öffentlicher Diskussion (jeder kann darstellen, welche Konsequenzen er dank seiner Vorstellungskraft und Erfahrung aus vorgeschlagenen Lösungen ableiten würde) und Wählen (jeder kann alle gemachten Lösungsvorschläge nach ihrer Güte bewerten).

Natürlich ist es auch Aufgabe des Konfliktlösungsforams, jegliche ernste Konflikte zu lösen, die aus der Arbeit anderer Eforams entstehen. Dies ist ein weiteres Selbstregulierungselement des ganzen Konzepts.

3. **Beende stattfindende Gewalt.** Je nach Form der Gewalt kannst du sie vielleicht allein durch psychologisch geschickte Kommunikation schnell genug beenden, möglicherweise mußt du aber den Angreifer auch physisch stoppen bzw. die Kämpfenden trennen. Fortgeschrittene Fähigkeiten in Psychologie und Kommunikation werden in jedem Fall notwendig sein, aber ein gründliches Training von Selbstverteidigung und Nothilfe ist ebenso wichtig, um Gewaltsituationen erfolgreich behandeln zu können. Die Gründe, warum diese Aufgabe nicht von einem extra Eforam wahrgenommen wird, sind, daß solche Situationen in einer gut funktionierenden Gesellschaft außerordentlich selten vorkommen mögen, und daß ein psychologisch gut ausgebildeter Nahkämpfer zwar gut ist, ein Experte für Psychologie und Kommunikation aber, der zusätzlich konsequent Selbstverteidigung und Nothilfe trainiert, noch um einiges besser. Denn dieser wird kritische Situationen mit größerer Wahrscheinlichkeit zu einem positiven Ende führen, mit weniger Verletzungen für Körper und Stolz aller Beteiligten, und kann Opfer wie Täter im Nachhinein optimal betreuen bzw. behandeln. Nach der Neutralisierung eines Angriffs sollte das Opfer psychologische Unterstützung erhalten, und der Angreifer sollte zu einer Therapie gebracht werden, wo er lernt, anderen nicht zu schaden und seine Probleme auf konstruktive Art zu lösen. Falls er geistig dazu nicht in der Lage ist, sollte die Konfliktlösungs-Verspon dafür sorgen, daß er unter ständiger Überwachung und Kontrolle steht, so daß er niemandem schaden kann.

Dies sollte jedoch nicht als „Strafe", sondern als reine Sicherheitsvorkehrung verstanden werden. Die Würde der gefährlichen Person sollte nicht angegriffen werden, und sie sollte die Freiheit haben, mit der Gesellschaft zu interagieren und zu ihr beizutragen soweit es nur möglich ist, ohne jemand ernstlich der Gefahr auszusetzen, von ihr verletzt zu werden.

Als Kommunenbewohner gehst du beispielsweise in folgenden Fällen zu einer Verspon für „Konfliktlösung":

1. **Dir wird klar, daß du ein psychisches Problem hast, das du nicht alleine lösen kannst.** Beispielsweise unterbricht der selbe schreckliche Alptraum nahezu jede Nacht deinen Schlaf, und du fühlst dich tagsüber müde, schlapp und nervös. Die Konfliktlösungs-Verspon wird deine Psyche untersuchen und heilen, ganz so wie ein Arzt deinen Körper untersucht und heilt, wenn er krank ist.

2. **Du glaubst, daß jemand an einer schweren Depression leidet und vielleicht sogar selbstmordgefährdet ist.** Die Konfliktlösungs-Verspon wird die Person aufsuchen, mit ihr reden und falls nötig in Therapie nehmen. So wie eine bei einem Unfall verletzte Person nicht in der Lage sein kann, selbst einen Arzt zu rufen, kann eine Person mit einer ernstlich verletzten Seele nicht in der Lage sein, sich von selber um eine (möglicherweise lebensrettende) Therapie zu kümmern.

3. **Du fühlst dich von einer anderen Person schlecht behandelt, und sie hört in dieser Sache partout nicht auf dich.** Die Konfliktlösungs-Verspon wird mit euch beiden zusammen den Sachverhalt diskutieren. Möglicherweise wird sie dir oder der anderen Person, oder auch euch beiden, zu einer Therapie raten, wenn dem negativen Verhalten eine neurotische Komponente innewohnt.

Vor allem mit einer „Transaktionsanalyse" genannten Methode kann die Konfliktlösungs-Verspon schnell in der Lage sein, zu verstehen — und es euch dann zu erklären — warum ihr beim Aufeinandertreffen immer wieder in dieses lästige Verhaltensmuster verfallt, worin auch du selbst unbewußt eine aktive Rolle spielen kannst.

4. **Du streitest dich mit einer anderen Person um eine begrenzte Ressource.** Die Konfliktlösungs-Verspon wird euch beide erst einmal wieder beruhigen, und dann dabei helfen, eine Zwei-Gewinner-Lösung für die Situation zu finden.

5. **Du hast erfahren, daß sich zwei Kommunen in einer eskalierenden Konfliktserie befinden und möglicherweise sogar einen Krieg beginnen könnten.** Die Konfliktlösungs-Verspons der benachbarten Kommunen werden den lokal ansässigen als Diplomaten dabei helfen, die Leute zu beruhigen und den Konflikt beizulegen; zudem werden sie als Sicherheitskräfte jegliche Gewalt schnellstmöglich beenden.

6. **Du siehst, wie ein Mädchen gegen seinen Willen wieder und wieder von einem Mann begrabscht wird, der sie vielleicht vergewaltigen könnte, hast aber zu viel Angst vor ihm, um ihn selber aufzuhalten.** Die Konfliktlösungs-Verspon wird die Belästigung stoppen und sich um den Mann kümmern. Dies kann einfach darin bestehen, ihn über seine Probleme reden zu lassen und ihn in kumpelhafter Manier mit Witzen und Geschichten zu unterhalten; vielleicht aber wird sie ihn auch zu einer Therapie überreden, wo er lernen wird, andere nicht zu belästigen, seine Probleme auf konstruktive Art zu lösen und die Liebe zu bekommen, die er braucht. Zudem sollte die Konfliktlösungs-Verspon dem Mädchen etwas verbale und körperliche Selbstverteidigung beibringen.

7. **Du siehst, daß sich drei Leute wutentbrannt prügeln.** Die Konfliktlösungs-Verspons werden sie stoppen und voneinander trennen, dann beruhigen und anschließend mit ihnen diskutieren, warum sie kämpften, wie sie das Problem ohne Gewalt lösen können und ob sie eine Antiaggressionstherapie brauchen.

8. **Jemand ist getötet wurden.** Die Konfliktlösungs-Verspon wird diejenigen psychologisch betreuen, die am meisten unter dem Verlust leiden, und untersuchen, ob es sich um einen Mord oder einen Unfall handelt. Wenn eine Person für den Tod verantwortlich war, wird die Konfliktlösungs-Verspon sie unter Überwachung und Kontrolle stellen, und eine tiefgreifende Langzeittherapie einleiten. Bei einem Mord hauptsächlich um sicherzustellen, daß sie nie wieder tötet, andernfalls hauptsächlich um ihr über den Schock hinwegzuhelfen und über das Gefühl, für den Tod eines Menschen verantwortlich zu sein.

Nur noch ein paar wenige Worte zu Selbstverteidigung und Nothilfe. Wenn jemand von einem hohen Felsblock springt, dann ist nur er allein für die daraus resultierenden Verletzungen verantwortlich. Wenn jemand nun einen anderen angreift, hat er ganz analog selbst schuld an den aus der Verteidigungsreaktion resultierenden Verletzungen. *Wenn* es sich um eine reine Verteidigung handelt — das Ziel der Reaktion also nur darin besteht, den Angriff zu neutralisieren, und nicht quasi als „Vergeltung" mit noch gröberer Gewalt geantwortet wird. Aber so wie der Boden zu Fuße des Felsens Geröll sein kann oder harte Erde, weicher Sand, flaches oder tiefes Wasser, und der Springende dann weniger oder mehr Glück hat, bestimmt die Art der Verteidigung, ob das Stoppen des Angriffs dem Angreifer mehr oder weniger Verletzungen beibringt. Dies wiederum hängt von der Höhe des Felsblockes ab, beziehungsweise von der Brutalität des Angriffs.

Es ist jedoch abzulehnen, direkte „Bestrafung" zu üben, indem man bei der Verteidigung mutwillig ein schweres Verletzen des Angreifers riskiert. Die insgesamt bessere Lösung besteht darin, den Angriff so weich wie möglich zu neutralisieren, und den Gewalttäter dann in psychologische Therapie zu nehmen. Ein ideales Training würde beispielsweise etwa Krav Maga, traditionelles Nihon JuJutsu und Aikido beinhalten. Je nach der konkreten Situation kann die Konfliktlösungs-Verspon dann jene Prinzipien und Techniken auswählen, die gerade optimal sind.

B.3.2. Versorgungsforams: Trink- und Brauchwasser, Nahrung, Energie

Jede Kommune benötigt eine konstante Versorgung mit Trink- und Brauchwasser, Nahrung und Energie. Die Begriffe Wasser und Nahrung sind klar, aber was bedeutet Energie? Das hängt ganz von der Situation und dem Bedarf der Kommune ab. Es kann einfach Zündmaterial und Brennholz sein, um heizen und kochen zu können. Aber auch hochtechnologische Lösungen der Energie-Speicherung und -umwandlung (etwa durch photovoltaische Solarplatten oder einen Windkraftgenerator gewonnene Elektrizität, die dann chemisch in Batterien gespeichert werden kann, oder mechanisch in Hochdruckzylindern usw).

Als Verspon für „Trink- und Brauchwasser" / „Nahrung" / „Energie" lauten deine Aufgaben:

1. **Sorge dafür, daß stets ausreichend Wasser / Nahrung / Energie zur Verfügung steht.** Dazu mußt du jeweils die Mengen an Verbrauch und Produktion/Gewinnung im Auge behalten und mit Lagersystemen arbeiten. Die Produktion/Gewinnung kann als Lager-Zufluß betrachtet werden, und der Verbrauch als Lager-Abfluß. Da der Zufluß wahrscheinlich sehr stark mit der Zeit schwanken wird, und auch der Verbrauch nicht konstant ist, sondern Höhen und Tiefen hat, ist es deine Aufgabe, sicherzustellen, daß selbst zu den ungünstigsten Zeiten (geringer oder kein Zufluß, viel Abfluß) keine akute Knappheit auftritt, denn eine Knappheit hier kann großes Leid für die Kommune bedeuten. Stelle sicher, daß die besten verfügbaren Produktions-/Gewinnungsmethoden eingesetzt werden, betreffend Quantität, Qualität und Nachhaltigkeit. Zudem könntest du versuchen, noch bessere Methoden zu finden oder zu entwickeln.

   Falls du siehst, daß es trotz allem zu einer Knappheit kommen könnte, solltest du zwei Dinge tun. Zum einen bitte die benachbarten Kommunen um Hilfe (also Wasser / Nahrung / Energie). Zum anderen informiere alle Mitglieder deiner eigenen Kommune, und bitte sie, den Verbrauch vorübergehend so stark wie möglich zu reduzieren. Eventuell mußt du das Wasser / die Nahrung / die Energie sogar rationieren.

2. **Sorge dafür, daß Wasser / Nahrung / Energie stets von optimaler Qualität sind.** Im Falle des Energie-Forums wird dies in erster Linie die technischen Mittel betreffen (also etwa Kabel, Batterien und Filterschaltungen). Bei Wasser und Nahrung gibt es drei Punkte, an denen ein Qualitätscheck durchgeführt werden sollte. Zuerst die Eingangsprüfung direkt nach der Produktion/Gewinnung, wenn das Wasser bzw. die Nahrung entweder eingelagert oder direkt an den Konsumenten weitergegeben wird.

Zum Zweiten sollte von Zeit zu Zeit die eingelagerte Ware geprüft werden (und falls vorhanden, ebenso die technischen Mittel, wie etwa Kühlsysteme). Die dritte Prüfung kann beim Verbraucher liegen, vorausgesetzt, die Verbrauchsqualität ist schlechtestenfalls nicht schädlich, sondern allenfalls unangenehm (was durch gründliche Lagerprüfungen garantiert werden muß). Im Zweifelsfall sollte eine Wasser-/Nahrungs-Verspon die Ware prüfen, die vom Lager an einen Konsumenten geht.

Besonders für die Nahrung sollten die besten verfügbaren Lagermethoden verwendet werden. Je nachdem, was eingelagert werden soll, sind möglicherweise unterschiedliche Verfahren mit je besonderen Räumen, Vorrichtungen und Arbeitsschritten vonnöten.

Qualitätsprüfungen sollten objektive wie auch subjektive Kriterien berücksichtigen. Objektive Tests sind chemische, mikrobiologische und/oder physikalische. Denke immer daran: Fauliges Wasser oder verdorbene Nahrung können schlimmer sein als gar kein Wasser und gar keine Nahrung! Subjektive Tests erfassen die Meinungen der Konsumenten über die sensorische und praktische Qualität des Wassers bzw. diverser Nahrungsmittel (Geschmack, Geruch, Einfachheit der Zubereitung usw), und können durch Fragebögen erhoben werden.

Als Kommunenbewohner gehst du in folgenden Fällen zu einer Verspon für „Trink- und Brauchwasser":

1. **Du findest, daß das Wasser seltsam schmeckt oder aussieht.** Die Wasser-Verspon wird es testen, und falls nötig die verdorbene Lagereinheit entsorgen und eine positiv getestete neue für den Verbrauch öffnen.

2. **Du brauchst für etwas sehr viel Wasser (etwa um einen neues Schwimmbecken zu füllen).** Die Wasser-Verspon wird ausrechnen, ob du das tun kannst, ohne damit eine Wasserknappheit für andere Zwecke zu verursachen. Falls das passieren könnte, wird dir die Wasser-Verspon nicht erlauben, dem Vorrat so viel Wasser zu entnehmen, bis die Produktion entsprechend gesteigert werden konnte.

Als Kommunenbewohner gehst du in folgenden Fällen zu einer Verspon für „Nahrung":

1. **Du bist Nahrungsproduzent (zB Bauer, Gärtner oder Sammler) und glaubst, daß du in Kürze deutlich mehr als üblich produzieren wirst.** Die Nahrungs-Verspon wird ausrechnen, ob dies zu viel zum Einlagern sein wird, und falls dem so ist, entweder allen Mitgliedern der Kommune dazu raten, mehr zu verbrauchen, oder es an Kommunen verteilen lassen, die weniger haben.

2. **Du bist Nahrungsproduzent und glaubst, daß du in Kürze deutlich weniger als üblich produzieren wirst.** Die Nahrungs-Verspon wird ausrechnen, ob dies zu einer Knappheit führen könnte, und falls dem so ist, das Nötige tun, um es zu verhindern. (Siehe oben.)

3. **Du bist Nahrungsproduzent und willst eine gewisse Menge einlagern lassen.** Die Nahrungs-Verspon wird die Qualität prüfen, und bei gutem Testergebnis die Einlagerung vornehmen.

4. **Du glaubst als Verbraucher, daß dein Essen verdorben sein könnte.** Die Nahrungs-Verspon wird es testen, und eventuell auch die Lagereinheit, aus der es stammte.

5. **Du findest, es sollte mehr von einem bestimmten Nahrungsmittel geben, oder eine größere Vielfalt usw.** Die Nahrungs-Verspon wird versuchen, ein wenig von anderen Kommunen zu bekommen, und für die eigene Kommune Produzenten zu finden, um zukünftig eine eigene Versorgung zu haben.

Als Kommunenbewohner gehst du in folgenden Fällen zu einer Verspon für „Energie":

1. **Du brauchst für etwas sehr viel Energie.** Die Energie-Verspon wird ausrechnen, ob du das tun kannst, ohne damit eine Energieknappheit für andere Zwecke zu verursachen. Falls das passieren könnte, wird dir die Energie-Verspon nicht erlauben, so viel Energie zu verbrauchen, bis die Produktion entsprechend gesteigert werden konnte.

2. **Du bist Energieproduzent und glaubst, daß du in Kürze deutlich weniger oder mehr Energie produzieren wirst.** Die Energie-Verspon wird alles Nötige tun, um eine Energieknappheit zu vermeiden bzw. Schäden am Speichersystem zu verhindern.

Noch eine kurze abschließende Bemerkung. Wie du anhand der obigen Beispiele vielleicht schon gesehen hast, ist es empfehlenswert, nicht eine einzelne große Lagereinheit für jedes Gut zu betreiben, sondern in kleinere Einheiten aufzuteilen. Dies gilt für alle drei Forams. Wenn eine Einheit aus welchem Grund auch immer unbrauchbar wird, können die anderen noch in Ordnung sein, und man verliert nur einen gewissen Prozentsatz und nicht gleich alles.

B.3.3. Ressourcenforams: Mediathek, Kleinzeug, Großzeug, Computerdateien

Stell dir eine Bibliothek vor. Ein großes Gebäude, in dem unzählige Bücher ordentlich sortiert aufbewahrt werden. Leute können kommen und sich Bücher ausleihen, wenn sie diese benötigen. Die Bibliothekare achten auf die Bücher (sie lagern sie so, daß sie möglichst lange halten), sammeln alle benötigten Informationen darüber, wo welches Buch eingelagert ist bzw wer es sich geliehen hat, und fügen der Bibliothek von Zeit zu Zeit neue interessante Bücher hinzu.

Nun erweitere man die Bibliothek zur Mediathek, etwa mit Audio-CDs und DVD-Videos. Ja, eigentlich können die zugrundeliegenden Prinzipien praktisch auf *alle* Arten von Objekten angewandt werden, die nur von Zeit zu Zeit mal benutzt werden. Selbst bei Computerdateien kann ein analoger Wartungsaufwand (das Ausleihen entfällt hier natürlich) sehr nützlich sein.

Für all diese Aufgaben zusammen könnte man einen einzelnen Foram einrichten, oder aber mehrere verschiedene. Als Beispiel werde ich hier einen Fall mit vier Forams diskutieren. Der erste ist die Mediathek. Der zweite ist für alle kleinen Dinge verantwortlich (alles, was eine Durchschnittsperson alleine mit sich nehmen kann) – stell dir so etwas wie ein großes Kaufhaus vor. Der dritte Foram ist für Großzeug zuständig, etwa Maschinen, Fahrzeuge, gefällte Baumstämme und so weiter. Und der vierte betreut die Computerdateien – quasi eine Datenbank mit Medieninhalten und Software-Programmen.

Als Verspon für physikalische Ressourcen (Mediathek, Kleinzeug, Großzeug) gehört zu deinen Aufgaben:

1. **Führe eine Datenbank mit Informationen über alle Ressourcenposten, ihren Aufbewahrungsort und Nutzungsstatistiken.** Du solltest stets die Übersicht darüber haben, welche Ressourcen und wie viele Posten jeweils davon verfügbar sind, wo sie sich im Lager befinden bzw. wer sie ausgeliehen hat, und wie oft sie genutzt werden. Die Datenbank kann beispielsweise in Form handgeschriebener Bücher vorliegen oder auch als Computersoftware. Wenn Leute Dinge ausborgen oder sie ins Lager zurückbringen, muß dies auf irgendeinem Weg in die Datenbank eingetragen werden. Entweder du bist für diesen Zweck immer dort (keine gute Lösung), oder die Leute selbst füllen ein Formular aus oder hinterlassen eine Nachricht (die gesammelten Formulare / Benachrichtigungen des Tages werden dann am Abend von den Ressourcen-Verspons in die Lagerbücher übertragen), oder verwenden irgendeine Form von elektronischer Scanner-Technologie. In jedem Fall empfiehlt es sich, ein leicht anzuwendendes Codierungssystem für Ressourcen und Posten einzusetzen. Dies bedeutet, daß jede Art von Ressource eine eindeutige ID bekommt, und jeder ihrer verfügbaren Einzelposten diese ID trägt sowie eine fortlaufende Postennummer.

2. **Lagere alle Waren sorgsam und erreichbar.** Erreichbar heißt, daß alle Waren mit Hilfe präziser Koordinaten leicht zu finden sind (etwa in der Form „Raum A, Block B, Regal C, Abschnitt D, Ebene E, Kasten F"). Sorgsame Lagerung heißt, daß die Waren vor schädigenden Umwelteinflüssen geschützt sind (Regen, Wind, Feuchtigkeit, Hitze, direktes Sonnenlicht, Schimmel, Insekten und andere Tiere, ...).

Manche Waren benötigen unter Umständen besondere Lagerbedingungen, so daß es notwendig sein kann, verschiedene Räume oder Container mit jeweils eigenem Temperaturbereich, Luftfeuchtigkeit und so weiter zu haben.

3. **Stelle sicher, daß immer genügend Posten einer Ressource verfügbar sind.** Die Nutzungsstatistiken geben darüber Auskunft, welche Waren und wie viele davon wann ausgeliehen werden (eventuell mit jahreszeitlichen Schwankungen). Auch fehlgeschlagene Ausleihversuche (nichts mehr am Lager) sollten aufgezeichnet werden — du solltest dich dann darum bemühen, daß du mehr Posten der entsprechenden Ressource anschaffst.

4. **Überwache die Qualität der Waren, ersetze alte und füge nützliche neue hinzu.** Oft geliehene Waren werden von den Nutzern selbst als defekt gemeldet werden. Aber selten verwendete solltest du von Zeit zu Zeit überprüfen, um sie durch neue ersetzen zu können, wenn sie unbrauchbar geworden sein sollten. Wenn etwas praktisch nie genutzt wird, solltest du die Kommune fragen, ob es aus dem Lager gestrichen werden kann. Wenn es wirklich niemand mehr will, solltest du zunächst noch andere Kommunen befragen. Wenn auch diese keine Verwendung für die Ware haben, sollte sie weggeworfen werden, um Platz zu schaffen. (Genau genommen würde sie auf die eine oder andere Art recycelt werden.) Wenn jemand etwas will, das es im Lager noch nicht gibt, oder du meinst, daß etwas für die Kommune recht nützlich oder interessant wäre, dann versuche es zu bekommen, um den Lagerbestand zu erweitern. Informiere alle Kommunenmitglieder über neue Waren (zB mit einer handgeschriebenen Tafel vor dem Lager, einer elektronischen Informationssendung, oder was sonst praktikabel ist).

Bis hierhin galt alles sowohl für die Mediathek als auch für die anderen Lager mit physikalischen Objekten. Aber mit nichtmedialen Ressourcen läßt sich ja mehr machen als nur ausleihen. Manche werden schlicht aufgebraucht, etwa als Material um komplexere Dinge zu bauen oder zum Heizen, als Waschmittel und so weiter. Manche Objekte könnten auch ihre Besitzerebene wechseln: wenn jemand sie rein für den eigenen persönlichen Gebrauch bekommen will, was einem Ausleihen auf unbestimmte aber wohl lange Zeit gleichkommt, ohne Garantie, es je in noch brauchbarem Zustand wieder zurückzugeben. Ein besonderer Fall ist der „offene persönliche Besitz", bei welchem das Objekt zu der Kommune gehört, wo sich der Besitzer aufhält, aber mit ihm geht, wenn er die Kommune wechselt. Wo er aktuell wohnt kann es jedoch von jeder Person frei genutzt werden.

Als Verspon für Kleinzeug oder Großzeug sollten deine Statistiken daher sowohl Auskunft darüber geben, wie viele Posten einer Ressource als leihbare *Gebrauch*sobjekte verbleiben, als auch wie viele wie oft als *Verbrauch*sobjekte nachproduziert werden müssen. Besonders für letztere solltest du gute Kontakte mit allen in Frage kommenden Produzenten unterhalten und eine Datenbank über sie führen. Diese Aufgabe kann durchaus fast so anspruchsvoll sein wie jene des Stabilitätsforams (siehe dort), da du für jede wichtige Ressource stets genügend Produzenten haben solltest.

Als Kommunenbewohner gehst du in folgenden Fällen zu einer Verspon für „Mediathek" / „Kleinzeug" / „Großzeug":

1. **Du möchtest etwas aus dem Lager leihen.** Die Ressourcen-Verspon wird es dir geben und sich eine Notiz machen (oder du nimmst es dir selbst und hinterläßt eine Nachricht — siehe oben). Wenn im Lager nichts mehr da ist, wird dir die Ressourcen-Verspon sagen können, ob es bald wieder vorhanden sein wird, oder versuchen, es von irgendwoher neu zu bekommen wenn es dir sehr wichtig ist.

2. **Du möchtest etwas Ausgeliehenes zurückgeben.** Die Ressourcen-Verspon wird es wieder dort einlagern, wo es hingehört (du legst es einfach in den Rückgabecontainer des Lagers), und dies in der Datenbank notieren.

3. **Du hast etwas Ausgeliehenes verloren, ruiniert oder zerstört.** Die Ressourcen-Verspon wird den Verlust in die Datenbank übernehmen und sich um einen Ersatz bemühen.

4. **Du hast etwas geschaffen (zB einen Sessel), das du gerne zum Lagerbestand hinzufügen würdest.** Die Ressourcen-Verspon wird alles tun, was dazu notwendig ist (Ressource-Posten-Code, Einlagerung, Datenbankeintrag, eventuell öffentliche Empfehlung).

Als Kommunenbewohner gehst du zudem in folgenden Fällen zu einer Verspon für „Kleinzeug" / „Großzeug":

5. **Du benötigst eine Verbrauchsressource (Einzelposten oder Menge).** Die Ressourcen-Verspon wird dir das Gewünschte geben und die Herausgabe in der Lager-Datenbank vermerken. Wenn allerdings nicht genug auf Lager ist, wird sie versuchen, es für dich zu bekommen, oder dich direkt an einen Produzenten verweisen.

6. **Du möchtest ein öffentliches Objekt zu deinem persönlichen machen.** Wenn niemand sonst es benötigt, wird die Ressourcen-Verspon es dir geben und dies in der Datenbank notieren.

7. **Du als Ressourcen-Produzent möchtest die Kommune verlassen.** Die Ressourcen-Verspon wird den Weggang in die Produzentendatenbank eintragen und gegebenenfalls nach einem neuen Produzenten suchen, der dich ersetzt.

8. **Du bist neu in der Kommune.** Die Ressourcen-Verspon wird dich fragen, ob du irgend etwas produzieren kannst, und falls dem so ist, dich in die Produzentendatenbank aufnehmen.

Als Verspon für „Computerdateien" lauten deine Aufgaben:

1. **Führe eine leicht durchsuchbare vernetzte Datenbank mit Spielen, Nutzprogrammen und Mediendateien.** Diese Datenbank ist ein Archiv von Computerdateien, die für die Kommune nützlich oder interessant sind. Du könntest für jede Datei eine kurze Beschreibung hinterlegen und dort gleich hilfreiche Informationen verlinken (zB Spielelösungen und Programmtutorials).

2. **Halte die Kommune stets auf dem neuesten Stand der Datenbank.** Zu diesem Zweck solltest du einen Informationsservice (etwa eine Website) betreiben, der einen schnellen und übersichtlichen Zugriff sowohl auf die allerbesten wie auch die allerneuesten Spiele, Programme und Mediendateien möglich macht.
3. **Stelle sicher, daß die Daten nie verlorengehen.** Dies bedeutet einerseits regelmäßige Sicherungskopien und Aktualisierungen, andererseits das Ersetzen alter Speicherhardware durch neue (in vernünftigen Zeitabständen).

Die nicht medialen physikalischen Objekte in „Kleinzeug" und „Großzeug" zu unterteilen ist natürlich nur eine von vielen Möglichkeiten (ich habe sie eher aus architektonischen Gründen gewählt: stell dir ein zweistöckiges Lagerhaus vor, im Erdgeschoß das Großzeug und darüber das Kleinzeug). Vorstellbar ist beispielsweise auch ein Eforam „Rohstoffe".

Zum Abschluß noch zwei Tips, speziell für den „Kleinzeug"-Foram:

- Versuche gleich von Beginn an, die meistverwendeten Ressourcen am nahesten zum Eingang des Lagers zu plazieren.
- Halte im Lager eine Sammlung leicht zu kombinierender Konstruktionsbausteine bereit (lasse jemanden sie herstellen), so daß praktisch jeder kinderleicht durch freies Verbinden der vielseitigen Elemente diverse Dinge basteln kann (Werkzeuge, Möbel, Dekoration und so weiter).

B.3.4. Schutzforams

Vier Eforams schützen die Kommunenmitglieder vor jeglichen Gefahren. Ihre Verspons sollten regelmäßige Kontrollgänge über das gesamte Kommunengelände machen, und dabei nach neuen Gefahrenquellen Ausschau halten, die beseitigt werden müssen. Falls eine Person mutwillig die Kommune gefährdet und damit auch nach einer Verwarnung durch eine Schutz-Verspon fortfährt, wird die Verspon den Konfliktlösungs-Foram informieren.

B.3.4.1. Unfallverhütung

Als Verspon für „Unfallverhütung" lautet deine Aufgabe: **Schütze die Kommunenmitglieder vor physikalischen, chemischen und makrobiologischen Gefahren.** Dies bedeutet, daß Unfälle (physikalisch / chemisch) und Tierangriffe (makrobiologisch) minimiert werden sollen.

Wenn du eine neue Gefahrenquelle entdeckst (oder auf sie aufmerksam gemacht wirst), solltest du zuallererst Warnzeichen anbringen (grelle Gefahrenschilder, Absperrband um den betroffenen Bereich, usw). Der Bildungs-Foram sollte natürlich zuvor sichergestellt haben, daß jeder diese Signale versteht. Als zweites ist es eventuell nötig, zunächst eine provisorische Lösung zu schaffen (gegebenenfalls gemeinsam mit Helfern), um die Gefahr zu neutralisieren. Beispielsweise könnte dies ein gut verankertes Stück Fußgängertunnelröhre sein, wo ein Erdrutsch einen Pfad weggerissen hat, oder eine kleine transportable Brücke über ein Loch im Boden. Die Ressourcen-Forams sollten immer alle für solche Arbeiten notwendigen Materialien bereithalten. Zum Schluß solltest du die Arbeiten zum endgültigen Beseitigen der Gefahr leiten, also zB den Pfad neu anlegen oder das Loch schließen.

Gefährliche Konzentrationen einer Substanz sollten kontrolliert unschädlich gemacht werden. Je nach Art der Substanz kann dies durch chemische Neutralisation, durch Verdünnen, Feinverteilung, Verbrennung oder andere Methoden geschehen. Stark giftige Pflanzen (sowie Pilze usw) sollten entfernt werden, wo immer sie in oder nahe der Kommune wachsen.

Tiere lassen sich am einfachsten durch architektonische Mittel fernhalten, etwa einen Zaun oder eine Mauer um den Hauptlebensbereich der Kommune. Dennoch solltest du auch wissen, wie man mit den lokal vorhandenen Tieren umgeht, und sie zur Not auch betäubt und/oder fängt und zum Aussetzen fern der Kommune transportiert.

Als Kommunenbewohner gehst du in folgenden Fällen zu einer Verspon für „Unfallverhütung":

1. **Du siehst etwas, wovon du meinst, daß es eine Gefahrenquelle darstellen könnte.** (Zum Beispiel ein wildes Tier oder Rudel, das in der Nähe der Kommune umherstreunt oder auf sie zukommt; ein ausgegrabenes altes Faß unbekannter Herkunft; einen Riß in einer Brücke; ...) Die Unfallverhütungs-Verspon wird sich, ausgestattet mit Warntafeln, Absperrband und Werkzeug, auf den Weg dorthin machen und die Sache näher untersuchen. Falls tatsächlich eine Gefahr besteht, wird sie fortfahren wie oben beschrieben.

2. **Du als Ressourcen-Verspon möchtest etwas neu in das Lager aufnehmen, bist dir aber nicht sicher, ob es eine Sicherheitsgefährdung darstellen könnte.** Die Unfallverhütungs-Verspon wird das Objekt oder die Substanz genau untersuchen. Falls eine Gefährdung vorliegt, wird sie entweder Modifikationen vorschlagen (zB scharfe Kanten an Spielzeug entfernen), eine Anleitung zur

sicheren Benutzung schreiben (die zu lesen ist, bevor man das Objekt von der Ressourcen-Verspon ausgehändigt bekommt), oder die Ressource vernichten. Falls schädliche Substanzen gelagert werden müssen, wird die Unfallverhütungs-Verspon praktische Ratschläge dazu geben.

3. **Du möchtest etwas Neues bauen.** (Egal, ob du eine architektonische Struktur errichten willst oder zB eine Maschine entwickelst.) Die Unfallverhütungs-Verspon wird dir bei dem gesamten Prozeß dabei helfen, dein Endprodukt so sicher wie möglich zu machen.

Nehmen wir als Beispiel für den letzten Punkt an, du möchtest einen Kinderspielplatz bauen. Du hast vermutlich tolle und kreative Ideen, aber die Unfallverhütungs-Verspon kann dir sagen, wie ein Klettergerüst, eine Schaukel usw konstruiert werden müssen, um das Unfallrisiko zu minimieren. Auch weiß sie, welche Materialien am sichersten sind (und kann sie testen). Beispielsweise muß der auf Spielplätzen verwendete Sand ganz bestimmte Eigenschaften haben, in erster Linie Stürze weich abbremsen können (sogenannter Fallsand). Andere Sandarten könnten sich beim Aufschlag steinhart verdichten, und die Kinder schwer verletzen.

B.3.4.2. Hygiene

Als Verspon für „Hygiene" lautet deine Aufgabe: **Schütze die Kommunenmitglieder vor mikrobiologischen Gefahren.** Dies bedeutet, daß Krankheiten durch Erreger wie Viren oder Bakterien minimiert werden sollen, ebenso Parasitenbefall.

Du solltest den Bildungs-Foram allen eine gute persönliche Hygiene nahebringen lassen, und den Menschen auch direkt Ratschläge geben. Kontrolliere die ordnungsgemäße Funktion der Sanitäranlagen, und teste Umgebungsproben auf Krankheitserreger. Wo notwendig, desinfiziere kontaminierte Objekte, und kontrolliere, daß die Kommune stets sauber und aufgeräumt ist. Wenn Krankheiten auftreten, versuche alle infektiösen Quellen zu finden und zu neutralisieren.

Als Kommunenbewohner gehst du in folgenden Fällen zu einer Verspon für „Hygiene":

1. **Du siehst etwas, das ansteckend sein könnte.** (Beispielsweise ist ein Behälter mit Fäkalien zerbrochen, oder ein totes, krank aussehendes Tier liegt nahe der Kommune herum.) Die Hygiene-Verspon wird die Sache genau untersuchen, und falls es sich tatsächlich um eine Bedrohung handelt, die Gefahrenquelle neutralisieren. In den meisten Fällen geschieht dies entweder durch Verbrennen oder durch eine Desinfektion mit Hilfe chemischer Mittel, um die Krankheitserreger schnell zu vernichten.

2. **Du glaubst oder weißt, daß jemand sehr unhygienische Angewohnheiten hat.** (Etwa eine sexuelle Perversion, die ein hohes Infektionsrisiko mit sich bringt.) Die Hygiene-Verspon wird sich mit dieser Person unterhalten, und ihr ein hygienischeres Handeln empfehlen. Falls sie trotzdem weitermacht, wird die Verspon den Konfliktlösungs-Foram informieren.

B.3.4.3. Ethik (Schwachenschutz)

Als Verspon für „Ethik" lautet deine Aufgabe: **Schütze potentielle wehrlose Opfer vor Mißhandlung und Mißbrauch.** Beispielsweise solltest du darüber wachen, daß keinen fühlenden Tieren oder kleinen Kindern von anderen Kindern Schaden zugefügt wird. Kinder verstehen die Welt einfach noch nicht, und können ohne volle Absicht teilweise recht zerstörerisch handeln. Natürlich solltest du auch in der Lage sein, Mißbrauchsverhältnisse aufzudecken, wo eine stärkere Person mit ihrer Macht eine schwächere Person dazu bringt, Dinge zu tun, die jene gar nicht wirklich tun möchte. Informiere den Konfliktlösungs-Forum, wenn die von dir verwarnte Person die unethische Handlung wiederholt oder zu wiederholen versucht, und/oder wenn ein Opfer psychologischen Beistand zu brauchen scheint. Deine Hauptarbeit wird darin bestehen, architektonische und soziale Strukturen zu planen und zu kontrollieren, die das Risiko minimieren, daß jemand einer schwächeren Person etwas antut. Beispielsweise sollte ein Kinderspielplatz an einer Stelle gebaut werden, wo sich tagsüber viele Erwachsene in der unmittelbaren Nähe aufhalten. Dann können die Erwachsenen praktisch nebenbei auf die spielenden Kinder aufpassen, während sie ihren eigenen Dingen nachgehen.

B.3.4.4. Katastrophenschutz

Als Verspon für „Katastrophenschutz" lauten deine Aufgaben:

1. **Warne die Kommune, bevor Naturkatastrophen eintreten.** Dies können schwere Stürme sein, Erdbeben, Überflutungen, Vulkanausbrüche, extreme Kälte, Trockenperioden, und so weiter.

Du solltest das Wissen und die Ausrüstung haben (oder vertrauenswerte Leute, die das für dich übernehmen), um solche Katastrophen rechtzeitig genug vorhersagen zu können, ehe sie die Kommune treffen.

2. **Halte die Kommune für Katastrophen bereit.** Das bedeutet, daß alle Kommunenmitglieder wissen sollten, wie sie sich in einer Katastrophensituation verhalten müssen, und daß alle Ressourcen und Gerätschaften bereitliegen, um der Kommune das Durchstehen einer solchen zu ermöglichen.

3. **Hilf der Kommune während einer Katastrophe.** Unterstütze die Kommunenmitglieder, arbeite eng mit den anderen Eforams zusammen und verteile Aufgaben an Leute, die vom negativen Denken abgelenkt werden müssen.

4. **Hilf der Kommune nach einer Katastrophe beim Aufräumen und Wiederaufbau.** Wie zuvor. Zusätzlich solltest du für eventuelle Opfer eine rituelle Bestattungsfeier organisieren, sowie nach einer angemessenen Zeit (oder falls es keine Opfer gab sofort nach den ersten gröbsten Aufräumarbeiten) ein großes Fest. Die rituelle Bestattung soll vermeiden, daß die Überlebenden in eine tiefe Depression verfallen, und sollte daher Gefühle betonen wie Ehre und Stolz auf die Opfer, aber auch das Zusammengehörigkeitsgefühl der Kommune, den Willen und die Kraft, gemeinsam weiterzumachen und die Kommune wiederaufzubauen. Das Fest hat ähnliche Ziele, ist aber viel positiverer Natur. Während die Bestattungsfeier Einigkeit und mutige Entschlossenheit betont, sollte das Fest eine Plattform für Individualität und Freiheit sein.

B.3.5. Wartungsforams

Dies sind die restlichen Eforams, die dafür zuständig sind, daß die Kommune als vom Menschen kontrollierte Umwelt richtig funktioniert.

B.3.5.1. Obdach (Gebäude)

Gebäude bieten Schutz, vor allem vor dem Wetter, und stellen gute Lebensbedingungen für Menschen auch dann zur Verfügung, wenn es draußen regnet, schneit oder hagelt, wenn es blitzt und donnert oder eisige Kälte herrscht, sengende Hitze und so weiter. Im Inneren der Gebäude sollten stets eine angenehme Temperatur und Luftfeuchtigkeit herrschen, und die Luftqualität sollte hoch sein (genug Sauerstoff, keine giftigen Gase, so wenig Staub wie möglich). Gebäude bieten zudem Schutz vor Tieren und schaffen Privatsphären. Und nicht zuletzt schützen sie nicht nur die Menschen selbst, sondern auch ihren Besitz (Möbel, Werkzeuge, gelagerte Lebensmittel, Bücher, elektronische Geräte, und so weiter).

Als Verspon für „Obdach" lautet deine Aufgabe: **Stelle sicher, daß die Gebäude immer guten Schutz bieten.** Überprüfe von Zeit zu Zeit, ob alle Fenster und Türen in einem guten Zustand sind (und sich zB leicht öffnen und schließen lassen), ob die Heiz- und Kühlsysteme richtig funktionieren, ob das Dach heil ist und die Luftqualität in allen Räumen in Ordnung. Wenn du ein Problem aufspürst, behebe es so schnell wie möglich (ersetze zerbrochene Fenster, repariere das Dach oder die Heizanlage, ...).

Als Kommunenbewohner gehst du in folgenden Fällen zu einer Verspon für „Obdach":

1. **Dir ist ein Fenster zerbrochen, oder du siehst ein zerbrochenes.** Die Obdachs-Verspon wird es durch ein neues ersetzen.
2. **Dich nervt eine quietschende oder klemmende Tür.** Die Obdachs-Verspon wird sie reparieren. (Meist reichen ein paar Tropfen Öl oder ein paar kurze Drehungen mit einem Schraubenzieher.)
3. **Ein Raum wird einfach nicht warm oder kühl genug.** Die Obdachs-Verspon wird nachschauen, was mit dem Heiz- bzw. Kühlsystem nicht stimmt, und es entweder reparieren oder sogar den betroffenen Raum umgestalten (vor allem die Wände).
4. **Du findest die Luft in einem Raum permanent zu feucht oder trocken.** Die Obdachs-Verspon wird tun, was nötig ist, um die Luftfeuchtigkeit in einem angenehmen Bereich zu stabilisieren, oder dir Ratschläge dazu geben (zB regelmäßiges Lüften).
5. **Du glaubst, daß die Luftqualität in einem Raum schlecht ist.** Die Obdachs-Verspon wird testen, ob zu wenig Sauerstoff vorhanden ist, oder ob sich sogar giftige Gase messen lassen. Wenn die Luftqualität wirklich mangelhaft ist, wird die Obdachs-Verspon nach der Quelle des Problems suchen (Heiz- oder Kühlsystem, Risse in der Wand, zu dicht schließende Fenster, und so weiter) und es beheben.

Neben der Wartung der existierenden Gebäude ist der Obdachs-Foram auch verantwortlich für das Planen und Konstruieren neuer Häuser, unter Berücksichtigung aller Schutzfunktionen, die ein Gebäude bieten soll. Die Obdach-Verspons arbeiten mit dem Unfallverhütungs-Foram zusammen, um eine zuverlässige Konstruktion zu gewährleisten. Andere Forams (und Individuen) können weitere Vorschläge machen, um das neue Gebäude hinsichtlich seiner geplanten Nutzung zu optimieren.

B.3.5.2. Computernetzwerk

Der Foram „Computernetzwerk" ist nicht nur für das eigentliche Computernetzwerk verantwortlich, sondern auch für alle elektronisch gesteuerten Einrichtungen, wie etwa (Tele-)Kommunikationsgeräte, automatische Türen, Fahrstühle, Waschmaschinen, und so weiter.

Als Verspon für „Computernetzwerk" lautet deine Aufgabe: **Stelle sicher, daß das Computernetzwerk und alle elektronisch gesteuerten Einrichtungen stets ordnungsgemäß funktionieren.** Wenn du eine Fehlfunktion aufspürst (oder dir eine gemeldet wird), dann behebe das Problem so schnell wie möglich.

Als Kommunenbewohner gehst du zu einer Verspon für „Computernetzwerk", **wenn dir Probleme mit dem Computernetzwerk oder einer elektronisch gesteuerten Einrichtung auffallen.** Die Computernetzwerk-Verspon wird das Problem analysieren und so schnell wie möglich beheben.

B.3.5.3. Fäkalien- und Müllentsorgung

Aus hygienischen Gründen sollten alle Abfälle gut entsorgt werden. Den Hauptanteil stellen normalerweise die von den Mitgliedern der Kommune produzierten Fäkalien, gefolgt von Küchenabfällen. Die Fäkalien- und Müllentsorgung ist ein für den täglichen Gebrauch ausgelegtes System, das die Gefahr von im Müll gedeihenden Krankheitserregern neutralisiert. Ziel ist, daß keine Abfälle (oder in ihnen entstandene Krankheitserreger) in den menschlichen Körper gelangen, weder durch Verschlucken, noch durch Einatmen oder auf andere Weise.

Als Verspon für „Fäkalien- und Müllentsorgung" lautet deine Aufgabe: **Schaffe Entsorgungseinrichtungen und übernimm ihre Wartung.** Je nach Art der Entsorgungseinrichtungen können die Wartungsarbeiten lediglich aus regelmäßigen Funktionsprüfungen und bei Bedarf Reparaturen bestehen, oder erfordern aktive Mitarbeit im Entsorgungsprozeß (beispielsweise das Tragen oder Fahren von vollen Abfallcontainern hin zu einer Halde oder Entsorgungsfabrik). Bei neuen Einrichtungen solltest du versuchen, sie so leicht wartbar wie möglich zu machen, jedoch ohne bei der hygienischen Sicherheit Kompromisse einzugehen.

Als Kommunenbewohner gehst du zu einer Verspon für „Fäkalien- und Müllentsorgung", **wenn dir an einer Fäkalien- oder Müllentsorgungseinrichtung eine Fehlfunktion auffällt.** Die Fäkalien- und Müllentsorgungs-Verspon wird die notwendige Reparatur vornehmen, und den Hygiene-Foram rufen, falls Abfälle ausgetreten sind.

B.3.5.4. Reinigung

Zwar hat die Reinigung zuallererst einmal hygienische Gründe, man kann sie aber auch als Kunst und Handwerk betrachten. Im Gegensatz zur eigentlichen Kunst erschafft die Reinigung jedoch keine gänzlich neue Schönheit, sondern sie macht wieder schön, was über die Zeit häßlich geworden ist. So wie der Künstler aus einem Stein eine Statue haut, indem er handwerklich geschickt entfernt, was nicht Statue ist, so zaubert der Reiniger angenehme und hygienische Oberflächen hervor, indem er handwerklich geschickt den Staub, Schmutz und Schimmel entfernt, der sie bedeckte.

Als Verspon für „Reinigung" lautet deine Aufgabe: **Reinige Räume, Kleidungsstücke, Geschirr- und Besteckteile sowie andere Objekte, wenn sie schmutzig geworden sind.** Warte aber nicht damit, bis sie eine wirkliche hygienische Gefahr geworden sind. Und neben dem hygienischen Aspekt solltest du auch nie den ästhetischen Aspekt vergessen, der unter anderem einschließt, daß schlechte Gerüche durch gute ersetzt werden sollten. Ein gereinigtes Objekt sollte nicht nur hygienisch sauber sein, sondern auch angenehm aussehen, sich angenehm anfühlen und angenehm riechen.

Als Kommunenbewohner gehst du zu einer Verspon für „Reinigung", **wenn du einen Raum, ein Kleidungsstück oder ein anderes Objekt gereinigt haben möchtest, dir aber alleine nicht zutraust, dies selbst richtig zu machen.** Die Reinigungs-Verspon wird es für dich tun (und es dir vielleicht auch gleich mit beibringen).

B.3.6. Pflegeforams

B.3.6.1. Leichte Medizin

Mit dem Begriff „Leichte Medizin" meine ich sämtliche praktischen Richtungen der Medizin mit Ausnahme der Notfallmedizin. Die Leichte Medizin dient der Erhaltung der Gesundheit und dem Heilen nicht akut lebensbedrohlicher Krankheiten.

Als Verspon für „Leichte Medizin" lauten deine Aufgaben:

1. **Stelle sicher, daß alle Kommunenmitglieder bei guter Grundgesundheit sind.** Untersuche ihren Gesundheitsstatus von Zeit zu Zeit, und empfehle Änderungen in der Ernährung und in den Gewohnheiten (zB Sport treiben, in die Sonne gehen, Schlaf und Erholung), wo es notwendig ist.

2. **Heile die Kommunenmitglieder von Krankheiten.** Wenn ein Kommunenmitglied krank wird, solltest du in der Lage sein, die beste dir bekannte, passendste Behandlung anzusetzen, um eine schnellstmögliche Heilung zu ermöglichen.

3. **Stelle sicher, daß auch jene Kommunenmitglieder bei guter Gesundheit sind, bei denen Organstörungen vorliegen.** Die meisten Menschen benötigen nur Nahrung, Trinkwasser, Sonnenlicht und so weiter, um gesund zu sein. Manche allerdings haben eventuell einen angeborenen Organdefekt, so daß sie auf individuelle Präparate angewiesen sind (zB jene mit einer gestörten Schilddrüsenfunktion) oder auf eine besondere kontrollierte tägliche Behandlung (zB jene mit reduzierter oder ganz ausgefallener Insulinproduktion).

Du solltest in der Lage sein, solcherlei Störungen zu erkennen, die richtige Behandlung zu empfehlen und regelmäßige Checks vorzunehmen, um die Behandlung bei Bedarf modifizieren zu können.

4. **Hilf Frauen bei der Geburt.** Wenn bei einer schwangeren Frau die Zeit des Gebärens gekommen ist, solltest du ihr helfen, und im Anschluß das Neugeborene untersuchen und behandeln. Laß eine Notfallmedizin-Verspon dabeisein, damit möglicherweise auftretende ernste Komplikationen sofort behandelt werden können.

Als Kommunenbewohner gehst du in folgenden Fällen zu einer Verspon für „Leichte Medizin":

1. **Du fühlst dich krank.** Die Leichtmedizin-Verspon wird deinen Gesundheitszustand untersuchen und wenn nötig eine Behandlung einleiten. Eventuell arbeitet sie auch mit dem Konfliktlösungs-Forum zusammen, wenn es wahrscheinlich ist, daß deine physischen (körperlichen) Probleme von psychischen (seelischen) herrühren, oder zusätzlich solche vorhanden sind.

2. **Du hast dich verletzt.** Die Leichtmedizin-Verspon wird deine Verletzungen untersuchen, Wunden desinfizieren, Knochenbrüche, ausgerenkte Gelenke usw. behandeln, und den Heilungsprozeß überwachen.

3. **Du kennst jemanden, der krank oder verletzt ist, aber schon zu schwach, um selbst zu einer Leichtmedizin-Verspon zu gehen.** Die Leichtmedizin-Verspon wird umgehend einen Krankenbesuch machen und eine Heilbehandlung beginnen. Wenn der Zustand der Person allerdings kritisch aussieht, wird die Leichtmedizin-Verspon eher den Rettungsmedizin-Foram herbeirufen.

Die Leichtmedizin-Verspons können entscheiden, ob sie sich selbst um Geräte, Medikamente und so weiter kümmern, oder ob sie die Ressourcen-Forams und Versorgungs-Forams damit betrauen. In jedem Fall sind die Medizin-Forams für die ordnungsgemäße Herstellung und Lagerung sämtlicher Medikamente zuständig. Die Ressourcen-/Versorgungs-Verspons sollten sicherstellen, daß nur die Medizin-Forams entscheiden, wer welches Medikament bekommt (da sie falsch eingesetzt sehr gefährlich sein können).

B.3.6.2. Pflegedienst

Die Kommune bietet jedem Unterstützung und macht das Leben viel leichter und reicher als im Einzelsurvival. Aber ein paar wenige Mitglieder der Kommune können sich in einem Zustand befinden, der um ihr Überleben zu sichern noch einiges mehr an Unterstützung erfordert, bis hin zur Rund-um-die-Uhr-Betreuung. *Jedes* Mitglied der Kommune beginnt sein Leben in solch einem Zustand, da Babys nun einmal sehr pflegebedürftig sind. Im Laufe eines Lebens kann es passieren, daß Phasen der Krankheit die Hilfe von Anderen willkommen machen oder sogar dringend erfordern. Die Wahrscheinlichkeit dafür steigt mit hohem Alter. Des weiteren kann es vorkommen, daß Menschen mit Schwächen geboren werden, die lebenslang einen individuellen Grad an Pflege notwendig machen.

Als Verspon für „Pflegedienst" lautet deine Aufgabe: **Übernimm für andere die zum Leben notwendigen Aufgaben, die sie selbst nicht tun können.** Dies kann unter anderem einschließen: zu Trinken geben, füttern, Medikamente verabreichen, mit der Toilette helfen (Stuhlgang, Urinieren), Waschen und so weiter. Bei manchen Patienten müssen auch Sportübungen durchgeführt werden (zB das Durchbewegen ihrer Gliedmaßen).

Bettlägerige müssen von Zeit zu Zeit gedreht werden, damit sich ihre Haut nicht wundliegt. Die meisten Patienten brauchen zudem Unterhaltung und soziale Kontakte, auch wenn sie nicht in der Lage sein mögen, wie eine gesunde Person darauf zu antworten.

Als Kommunenbewohner gehst du zu einer Verspon für „Pflegedienst", **wenn du als Frau ein Kind gebären wirst.** Die Pflegedienst-Verspon wird dir beibringen, wie man ein Kind pflegt und großzieht, und wird dich auch während der Schwangerschaft unterstützen, während der Geburt sowie in den ersten Wochen danach.

Für gewöhnlich wird es der Leichtmedizin-Foram sein, der einen Patienten an den Pflegedienst überweist. Aber natürlich kann es auch geschehen, daß jemand von sich aus nach dem Pflegedienst-Foram ruft, eventuell auch für ein anderes Kommunenmitglied. Jedoch sollte auch in diesem Fall der Leichtmedizin-Foram den Patienten vor Beginn der Pflege untersuchen.

B.3.7. Rettungsforams

Diese beiden letzten Forams sollten normalerweise nur selten arbeiten müssen. Aber bei den wenigen Einsätzen, die sie haben, müssen sie sehr schnell und routiniert arbeiten, und ihre Ausrüstung muß zuverlässig funktionieren. Denn bei ihrer Arbeit — dem Retten von Menschen — geht es oft um Leben oder Tod. Aus diesem Grund werden beide Forams, trotz der Seltenheit echter Rettungssituationen, viel und oft üben und ihre Ausrüstung regelmäßig überprüfen.

B.3.7.1. Notfallmedizin

Als Verspon für „Notfallmedizin" lautet deine Aufgabe: **Rette Menschen aus lebensbedrohlichen Gesundheitslagen.** Dies heißt zunächst, die lebensnotwendigen Körperfunktionen zu stabilisieren (zB Atmung und Blutkreislauf), und dann so schnell wie möglich Infektionen, Vergiftungen, Verletzungen oder Kombinationen daraus zu behandeln. Der Notfallmedizin-Foram wird wahrscheinlich mehrere Ausrüstungseinheiten unterhalten: beispielsweise einen Operationsraum, eine Intensivstation, eine mobile Einheit mit begrenzten Möglichkeiten für Operationen und Intensivbetreuung (Bus, Boot, Luftfahrzeug, ...), sowie kleine tragbare Erste-Hilfe-Sets.

Als Kommunenbewohner rufst du den „Notfallmedizin"-Foram, **wenn du siehst, daß jemand in einem lebensgefährlichen Gesundheitszustand zu sein scheint.** Beispielsweise hast du einen Unfall beobachtet, oder findest jemanden am Boden liegend, der sich nicht mehr rührt und/oder verletzt ist.

Da jedes Kommunenmitglied Erste Hilfe gelernt hat, solltest du dich umgehend selbst um den Patienten kümmern, bis der Notfallmedizin-Foram übernehmen kann. Die Rettungsforams haben Signale definiert, die als Notrufe erkannt werden, die du ebenfalls gelernt hast. Wende sie an, um andere auf die Situation aufmerksam zu machen, damit sie den Notfallmedizin-Foram informieren können (oder um den Foram direkt zu alarmieren). Ein Signal, das auch dann gut angewendet werden kann, wenn man alleine eine Herz-Lungen-Wiederbelebung durchführen muß, ist etwa ein fünfmaliges lautes Rufen, das mehrmals wiederholt wird. Du solltest das Notrufsignal so lange wiederholen, bis du das Bestätigungssignal vom Notfallmedizin-Foram hörst (zB eine Sirene oder Tröte) oder die Helfer ankommen siehst.

Mobile Telekommunikationsmittel können den Notrufprozeß um ein Vielfaches optimieren — wesentlich kürzere Alarmierungszeit und höhere Informationsdichte verbessern die Gesundungschancen des Patienten deutlich.

B.3.7.2. Rettungsdienst

Als Verspon für „Rettungsdienst" lautet deine Aufgabe: **Rette Menschen aus lebensbedrohlichen Situationen.** Rette beispielsweise Menschen, die am Ertrinken sind, die in einem brennenden Haus gefangen sind, die auf einen Baum oder Fels geklettert sind und sich nicht mehr heruntertrauen (meist Kinder), die sich auf einer Bergwanderung verirrt haben, und so weiter. Wenn sie sich in einer Situation befinden, aus der sie nicht sofort gerettet werden können, versuche zumindest, ihnen sobald als irgend möglich ein Survivalkit zukommen zu lassen (zB Abwurf aus einem Helikopter; Inhalt je nach Bedarf: Trinkwasser, Nahrung, Medizin, Material um Feuer zu machen, Isolierdecken, Kleidung, Schlafsäcke, ein kleines Zelt, und so weiter), ehe die eigentliche Rettungsoperation vorbereitet wird.

Vielleicht kannst du auch Verspons für Notfallmedizin, Leichte Medizin und Konfliktlösung (als psychologische Betreuung) hinbringen, oder wenigstens Telekommunikationsmittel zum Reden mit diesen Forams bereitstellen.

Hilf den Notfallmedizin-Verspons, zu Patienten an schwierigen oder abgelegenen Orten zu gelangen, und sichere sie während sie arbeiten.

Als Kommunenbewohner rufst du in folgenden Fällen den „Rettungsdienst"-Foram:

1. **Du siehst jemanden in einer gefährlichen Situation, kannst aber selbst nicht helfen.** Der Rettungsdienst-Foram wird die betroffene Person aus der Situation befreien.
2. **Du siehst oder hörst ein Rettungsnotsignal.** Der Rettungsdienst-Foram wird umgehend eine Sucheinheit zum Aufspüren der Signalquelle entsenden, ausgerüstet mit grundlegenden Survivalkits, die als erste Unterstützung abgeworfen werden können. Anschließend werden sie die Rettung der sich in Not befindenden Menschen durchführen.

Da Zeit ein entscheidender Faktor in allen Rettungssituationen ist, setzen die Rettungsforams möglicherweise Fortbewegungsmittel ein, die schnell und zuverlässig sind, aber nicht unbedingt besonders umweltfreundlich. Da es nur wenige sind und diese auch nur von Zeit zu Zeit betrieben werden, sollte dies jedoch tolerierbar sein.

B.4. Polyamorie

Was intime Beziehungen angeht, haben die heutigen modernen Kulturen ein sehr primitives Konzept: zwei Menschen (genauer ein Mann und eine Frau) sind eine Beziehung, die einzig wahre Form von Liebe, und diese sollte ein Leben lang halten. Des weiteren schließt diese Beziehung jede Art intimer Kontakte zu Dritten vollkommen aus. Das Konzept nimmt obendrein an, daß es für jeden Menschen irgendwo genau den einzig idealen Partner gibt, den er früher oder später (aber niemals zu spät) auch treffen wird. Und somit wären alle vollkommen glücklich.

Das offensichtlichste Problem bei diesem Konzept: bei einer ungeraden Anzahl Menschen geht einer auf ewig leer aus und bleibt partnerlos. Das Gleiche kann passieren, wenn es mehr Frauen als Männer oder umgekehrt gibt.

Auch wird in diesem primitiven Konzept die Tatsache räumlicher und zeitlicher Entfernungen in Gesellschaften vollkommen ignoriert, obwohl beide zu sehr viel mehr „ungerade Anzahl"-Konflikten führen als man im ersten Moment denken mag.

Aus diesem Grund gibt es recht viele unglückliche Singles in einer Gesellschaft. Und es gibt auch recht viele unglückliche Paare.

Die ausschließliche Zwei-Personen-Bindung reduziert ja nicht nur die möglichen sozialen Kontakte der Singles auf ein Minimum, sondern auch die der in Paarbeziehungen lebenden Personen. Sie finden vielleicht noch jemand anders attraktiv. Aber weil eine Beziehung laut Definition ausschließlich ist und ein Leben lang halten sollte, haben sie wegen ihrem Interesse an Dritten Schuldgefühle. Auch wollen sie nicht riskieren, selber Single zu werden, da es schwierig ist, wieder einen passenden Partner zu finden und eine Vertrauensbeziehung aufzubauen. Also bleiben sie zusammen, auch wenn sie ihren Partner nicht mehr anziehend finden, in der Beziehung unglücklich sind oder sogar gewalttätige Übergriffe des Partners erdulden müssen

Die meisten in einer Beziehung lebenden Menschen beginnen früher oder später trotz allem damit, intime Kontakte mit Dritten zu haben. Dies bedeutet jedoch ernste Konflikte. Es ist ein Brechen wichtiger Regeln, es ist ein Hintergehen des Beziehungspartners, und es zwingt zum gewohnheitsmäßigen Lügen. Kurz gesagt, es führt zu vielen negativen Gefühlen und Gedanken. Wenn der Partner die Wahrheit erkennt, sind explosiv-aggressive Reaktionen nicht selten, wobei die Bandbreite vom Beenden der Beziehung bis hin zum Mord reicht.

Allein schon die Angst, hintergangen zu werden, ja die reine Möglichkeit dessen, erzeugt oft viele Konflikte und Spannungen in einer Beziehung. Und an einen Partner gebundene Menschen sind offiziell unerreichbar, was Singles, die sich dennoch in sie verlieben, zu vielerlei verschiedenen destruktiven Verhaltensweisen bringen kann, von der Depression bis hin zu Gewalttaten oder Selbstmord.

All diese negativen Aspekte können vermieden oder zumindest auf ein Minimum reduziert werden — mit einem Konzept namens „Polyamorie". Statt ein willkürliches Dogma aufzustellen (wie es das alte Konzept tut), basiert diese auf Vernunft, Anerkennung der Wirklichkeit, und Ehrlichkeit.

In der Polyamorie sind Beziehungen nicht-ausschließend (was zu Beziehungsnetzen beliebiger Größe führt, und damit natürlich immer auch die Möglichkeit einer reinen Zweierbeziehung mit einschließt), und können jeden Grad an Bindungsstärke aufweisen. Selbst freiwillige Singles können glücklicher leben, da sie jederzeit leicht eine Beziehung eingehen können, wenn sie wollen.

Bis hierhin klingt das ganz nach freier Liebe. Die Hauptregel der Polyamorie jedoch lautet, daß man sich immer um das Wohl jedes Partners kümmern, ihre Gefühle ernstnehmen, und Probleme zusammen diskutieren und lösen sollte. Polyamorie *ist* eine Form der freien Liebe, beinhaltet jedoch Verantwortung, die der Freiheit bestimmte ethische (nicht willkürliche) Grenzen setzt.

Polyamorie funktioniert ähnlich wie Freundschaften. Wenn du einen sehr guten Freund gefunden hast, heißt das ja nicht, daß du keine weiteren Freunde mehr haben darfst. Eine Freundschaft mit einer Person A macht Freundschaften mit den Personen B, C, D und so weiter nicht unmöglich. So kannst du keine Freunde haben, einen, zwei, drei, acht oder mehr. Wie tief deine Freundschaften jeweils sind, hängt aber nicht wirklich von der Anzahl deiner Freunde ab, sondern einfach davon, wie es dir und ihnen am besten gefällt.

Verschiedene Freunde können natürlich verschiedene Interessen haben, und manchmal hast du für einen keine Zeit, weil du grade mit einem anderen etwas unternimmst. Aber da für gewöhnlich jeder über mehrere Freunde verfügt, hat man oft noch Möglichkeiten, wenn einer gerade mal nicht verfügbar ist.

Die Polyamorie überträgt auf intime Beziehungen fast die gleiche Leichtigkeit, wie man sie bei Freundschaften vorfindet. Und tatsächlich ist der Hauptunterschied zwischen einer sehr engen Freundschaft und einer intimen Beziehung eben die erotische Intimität, Sexualität. Sehr gute Freundschaften bieten alles sonstige auch: emotionale Unterstützung, gemeinsame Aktivitäten, die reine Freude an sozialem Umgang, und so weiter.

Fragen:

Was ist mit Konkurrenz? Würden die verschiedenen Partner nicht miteinander konkurrieren? Falls aktives Konkurrieren auftritt, wird es bald allen beteiligten Personen recht albern vorkommen, und damit höchstwahrscheinlich aufhören. Aber es wird immer ein passives Konkurrieren geben – genau wie bei Freundschaften. Wenn ein Freund ziemlich langweilig ist, wirst du weniger Zeit mit ihm verbringen. Wenn er sogar deine Gefühle ignoriert oder verletzt, kann dich das zum Beenden der Freundschaft treiben. Mit Liebespartnern könnte es ganz ähnlich sein: wo es leicht ist, einen neuen Partner zu finden, würden viel weniger Menschen mit einem zusammenbleiben, der sie schlägt oder absichtlich ihre Gefühle verletzt. Und man würde es vorziehen, mehr Zeit mit jenen Liebespartnern zu verbringen, die sich am meisten um einen kümmern, oder allgemein die interessanteren Personen sind.

Aber so wie das Leben mit mehr als nur einer Freundschaft reicher ist, so ist es dies auch mit mehr als einer Liebe. Aus diesem Grund würden sich nur wenige Menschen mit einem einzigen Partner zufriedengeben, wenn sie mehrere haben können.

Was ist mit Kindern? Brauchen sie denn nicht einen Vater und eine Mutter? Würden sie nicht unter solch einem Chaos wie einem Beziehungsnetzwerk leiden? Nun, die meisten Netzwerke werden höchstwahrscheinlich gar nicht so chaotisch sein, sondern über längere Zeiträume recht stabil bleiben. Kinder leiden unter unglücklichen Eltern, gewalttätigen Eltern, sich für immer trennenden Eltern, und so weiter. In der Polyamorie könnten Kinder sogar mehr Unterstützung jeglicher Art erhalten als von nur einer Mutter und einem Vater. Sie könnten ihre sozialen Kontakte fast so frei wählen wie Erwachsene. Sie würden es vorziehen, ihre Zeit mit den lustigsten, weisesten und nettesten Menschen zu verbringen, Gutenachtgeschichten von den besten Geschichtenerzählern zu hören, und so weiter. Diese Wahlfreiheit kann auch eine große Erleichterung für die eigentlichen biologischen Eltern sein. Und Gewalt gegen Kinder würde auf ein Minimum reduziert — da sie ihr recht leicht entfliehen könnten.

Das größte zu lösende Problem, was Kinder angeht, wäre in einer polyamorösen Gesellschaft, Inzest zu vermeiden. Dies könnte es notwendig machen, den biologischen Vater durch einen Bluttest zu ermitteln.

B.5. Eine Beispiel-Architektur: Zu Besuch in einer Poyzelle

Poyzellen könnten auf ganz unterschiedliche Art gestaltet sein, etwa in Form eines gewöhnlichen Dorfes. Anstatt jedoch willkürlich Gebäude in die Landschaft zu setzen (wie bei einem Dorf oder einer Stadt), wäre es klüger, sich vorher einmal gründlich Gedanken über das Thema Architektur zu machen. Vielleicht läßt sich ja eine optimale Lösung dafür finden, wie eine Poyzelle aussehen sollte. Und um eine Lösung zu finden, muß man zunächst einmal die eigentliche Aufgabe klar umreißen. Für die optimale Architektur einer Poyzelle stellen die folgenden Punkte ein recht brauchbares Grundgerüst dar:

- eine Poyzelle hat etwa 625 Personen (selten weniger als 375 oder mehr als 1250)

- eine Poyzelle besteht aus etwa 25 Moyzellen (minimal 15 bis maximal 50)

- eine Poyzelle sollte ihre Mitglieder mit allen lebenswichtigen Ressourcen versorgen (besonders Nahrung und Wasser)

- eine Poyzelle ist hochgradig autark, und fast das gesamte Leben kann sich innerhalb ihrer Grenzen abspielen (Arbeiten, zwischenmenschliche Kontakte, usw)

- es sollte genug Raum für Privatheit und individuelle Gestaltung geben

- es gibt drei Arten von Räumen: Privaträume (Schlafzimmer), Moyzell-Räume (Küchen, Toiletten, Freizeiträume, usw) und Poyzell-Räume (meist für Eforams)

- Gehstrecken und Transportwege sollten so kurz wie möglich sein
- die Architektur sollte zu Aktivitäten im Freien einladen
- die Architektur sollte mithelfen, Bewegungsmangel zu verhindern
- die Innenräume sollten vielseitig nutzbar sein (auch für kommende Generationen)
- die Architektur sollte Schutz bieten, etwa vor größeren Tieren
- die Architektur sollte die Einheit der Poyzelle symbolisieren
- der Bau der Gebäude sollte möglichst wenig Ressourcen benötigen

Von diesem Wunschzettel ausgehend habe ich eine Architektur modelliert, die ich im folgenden so beschreiben werde, als würdest du mich in einer solchen Poyzelle besuchen. Eine erste vage Idee zu dieser Architektur hatte ich bereits beim Lesen von Tobi Blubbs Buch „Panokratie", und über die Jahre habe ich sie immer mehr ausgestaltet, Details hinzugefügt, viele Bleistiftskizzen angefertigt, Abmessungen berechnet, und so weiter. In gewisser Weise fühle ich mich dort tatsächlich wie zu Hause. Bist du bereit für eine kleine Reise? Auf geht's!

Wir nähern uns mit einem Helikopter der Poyzelle.

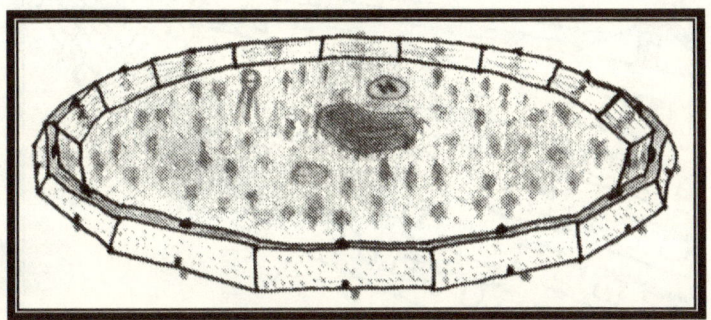

Von oben siehst du, daß sie ein riesiger Gebäude-Ring ist und einem Stadion ähnelt. Der Ring wird aus 16 identischen Segmenten gebildet, die jeweils fünf Stockwerke hoch sind. Im Inneren des Rings befindet sich ein kleiner See, und es wächst reichlich Vegetation. Gut sichtbar ist auch der Landeplatz für unseren Helikopter.

Der innere Durchmesser des Rings mißt knapp über 300 m, der äußere Durchmesser fast 350 m. Die innere Mauer ist 960 m lang, die äußere 1,1 km. Aber die Poyzelle besteht nicht nur aus dem Gebäude-Ring und dem Innengelände, denn dieses Stück Land könnte so viele Menschen gar nicht ernähren. Die Poyzelle erstreckt sich deswegen noch außerhalb in konzentrischen Ringen permakultureller Zonen.

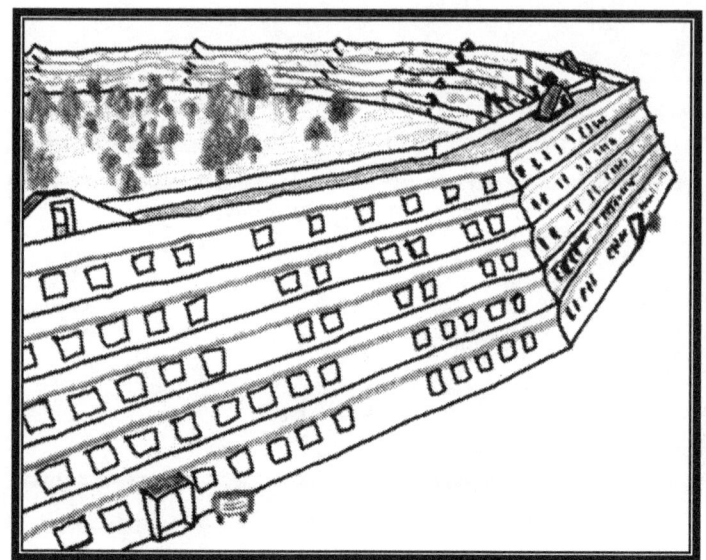

Wie wir uns dem Gebäude-Ring nähern, fällt dir auf, daß die Außenwand nicht vollkommen senkrecht ist, sondern eine leichte Neigung aufweist, wodurch das Gebäude mit jedem Stock etwa einen Meter schmaler wird. Zwischen den Etagen befinden sich Gratkanten, die Tiere vom Hochklettern abhalten sollen, und zudem das Risiko tödlicher Stürze von oben etwas mindern. Das Dach ist flach und bewachsen, möglicherweise mit Gras. Alle Segmente in deinem Blickfeld haben einen Eingang mit einem Willkommensschild oder einer Informationstafel.

Nicht alle Segmente müssen einen eigenen Eingang haben, und neben normalen Außentüren kann es auch große Tore für Fahrzeuge geben. Ebenso kann jede Poyzelle anders aussehen, nicht nur von den Farben her, sondern auch bei gestalterischen Details, den verwendeten Materialien und der genauen Größe. Beispielsweise könnten die einzelnen Segmente auch durch hölzerne Tore miteinander verbunden sein, statt einen geschlossenen Ring aus Beton zu formen. Das Dach kann jede mögliche Form haben, oder es können Gewächshäuser, Solarzellen, Windkraftgeneratoren usw. darauf stehen.

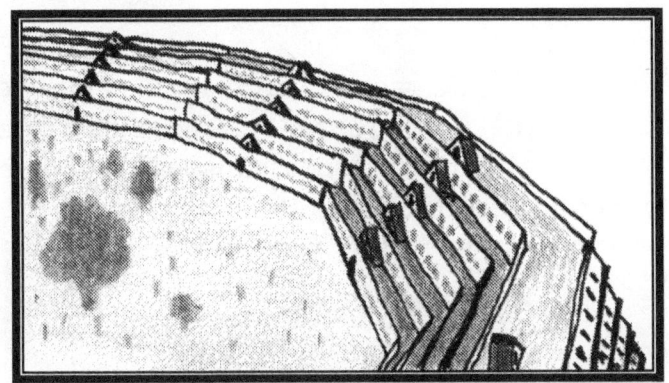

Beim Überfliegen des Rings siehst du, daß er von innen wie die Stufen einer Pyramide aussieht, da jedes Stockwerk mehr als zwei Meter eingerückt ist, was auf jeder Etage einen Fußweg rings um den gesamten Ring erzeugt. Geländer verhindern, daß man irgendwo hinunterstürzt. Jedes Segment hat in jedem Obergeschoß einen Ausgang auf dessen Fußweg; die Tür vom Erdgeschoß führt auf das Innengelände der Poyzelle hinaus.

Wir setzen in der Nähe des Sees auf dem Landeplatz auf. Die weiße Landemarkierung (H im Kreis) kann nachts beleuchtet werden. Im Hintergrund befindet sich direkt am See ein kleines Open-air-Café. Du siehst ein kleines Ruderboot mitten auf dem See, und ein paar weitere an der Anlegestelle.

Ein Sicherheitszaun mit kindersicheren Toren umschließt den Landeplatz. Der Sicherheitszaun kann auch weiter geöffnet werden, damit Luftfahrzeuge neben dem Landeplatz geparkt werden können.

Ehe wir in das Gebäude gehen, werde ich dich ein wenig auf dem Innengelände herumführen. Aber zuerst gebe ich drinnen doch mal schnell dem Transportmittel-Forum die Helikopter-Schlüssel zurück.

Während du vor einem der Gebäudeeingänge auf mich wartest, schaust du quer über das Gelände auf die entfernt gegenüberliegende Seite des Gebäude-Rings. Viele Bäume verdecken die Sicht und vermitteln den Eindruck eines grünen Paradieses. Und obwohl fast alle Leute draußen in der Sonne sind, ist das große Gelände doch noch lange nicht überfüllt.

Ich bin auch schon zurück und wir können los.

Unser Weg führt an einem Spielplatz für kleine Kinder vorbei und an einem großen Partyzelt.

Ein Ring aus steinernen Bänken kann für Treffen jedweder Art genutzt werden. Um den Ring herum stehen kunstvoll gestaltete Lampen für nächtliche Treffen. Ferner siehst du eine Art Litfaßsäule, an der diverse Notizzettel und Informationsblätter hängen. Im Hintergrund überragt ein am See stehender Wasserturm den Gebäude-Ring.

In der Nähe des Wasserturms befindet sich ein rechteckiger Swimmingpool. Du siehst Strandliegen, Palmen, große dekorative Natursteine und einen hölzernen Mülleimer. Eine große Bogenlampe beleuchtet nachts den gesamten Bereich.

Auf der anderen Seite des Wasserturms befindet sich ein Turnplatz mit verschiedenen Geräten auf fallsicherem Sand. Du siehst zudem einen der Gebäudeeingänge und fragst, warum über seiner Tür ein großes farbiges Rechteck prangt.

Nun, jede Tür hat einen Farbcode, damit vor allem Kinder und Besucher leicht den richtigen Eingang finden. Das farbige Rechteck besteht aus einer linken und einer rechten Hälfte, die entweder die gleiche Farbe haben oder verschiedene tragen.

Die Farbcodes der 16 Segmente lauten im Uhrzeigersinn:

RR RG GG GN NN NS SS ST TT TB BB BL LL LW WW WR

(Rot Gelb grüN Schwarz Türkis Blau Lila Weiß)

Durch diese Reihenfolge kann man leicht bestimmen, in welche Richtung man gehen muß.

Wir gehen nun in das gelb-grüne Segment. Die Türen außen am Gebäude-Ring haben übrigens keine Farbcodes. Man nimmt einfach den nächstgelegenen Eingang, und schaut dann auf die Farbplaketten innen, um das richtige Segment zu finden.

Wir werden nun das Innere des Gebäuderings erkunden.

Es gibt fünf Stockwerke, die ich auch als Ebenen bezeichnen werde. Wenn man eine Ebene betritt, dann gelangt man als erstes immer auf einen Korridor, der von links nach rechts geht. Und man steht vor der Tür eines Zentralraums, über den die Doppeltreppe zur nächsten Ebene eine dachähnliche Brücke bildet. Aufgrund der pyramidenähnlichen Struktur des Gebäudes beginnen die Treppen an der Innenwand des Korridors, enden jedoch an der Außenwand der nächsten Ebene.

Oben auf der Treppe kann man sich entscheiden, ob man nach Innen in den Korridor tritt oder durch die gegenüberliegende Treppenhaustür hinaus auf den außen liegenden Fußweg. Die Treppenstufen sind etwa 29 cm breit und 17 cm hoch (ergonomische Stufe).

Beginnen wir mit Ebene 1. Das innere jeder Ebene kann frei gestaltet werden. Trennwände, zusätzliche Korridore, viele kleine oder wenige große Räume — alles ist möglich. Ebene 1 ist für Poyzellräume reserviert, also solche, die von allen Poyzellmitgliedern genutzt werden oder von Poyzell-Eforams: verschiedene Lager, Sportzentrum, Mediathek, Disco, Theater, Pflegestation, Krankenhaus, und so weiter.

Beispiel für die Aufteilung der Ebene 1

ein großer Zentralraum
≈ 30 m × 18 m = 540 m²

zwei Räume mit je
≈ 15 m × 18 m = 270 m²

Ebene 2 kann bereits Privaträume enthalten, oder ausschließlich für Moyzellräume verwendet werden. Der Hauptkorridor jeder Ebene hat übrigens an beiden Enden einen Durchgang, so daß man auf jeder Ebene auch innen um den gesamten Gebäude-Ring herumlaufen kann.

Beispiel für die Aufteilung der Ebene 2

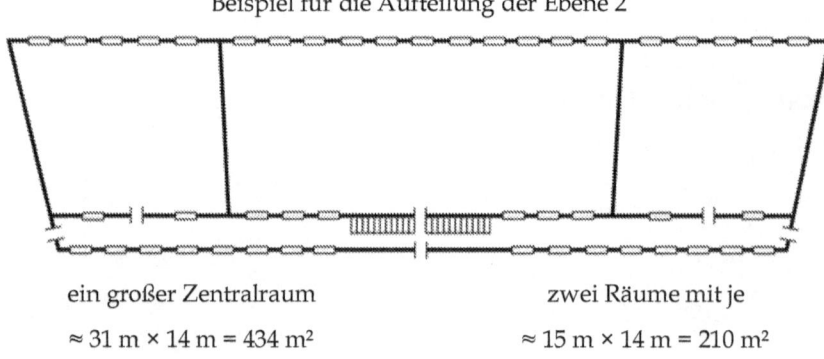

ein großer Zentralraum
≈ 31 m × 14 m = 434 m²

zwei Räume mit je
≈ 15 m × 14 m = 210 m²

In den oberen drei Etagen befinden sich die Privaträume. Hier in Ebene 3 werden wir uns zwei solcher Räume als Beispiel ansehen, sowie den Zentralraum, der als Bad und Toilette genutzt wird.

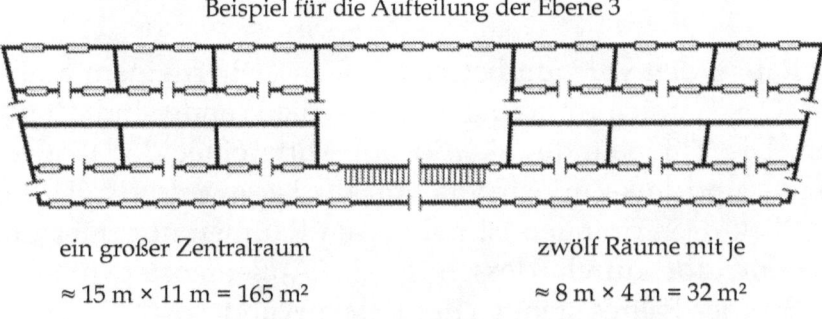

Beispiel für die Aufteilung der Ebene 3

ein großer Zentralraum
$\approx 15 \text{ m} \times 11 \text{ m} = 165 \text{ m}^2$

zwölf Räume mit je
$\approx 8 \text{ m} \times 4 \text{ m} = 32 \text{ m}^2$

Statt die Treppe zur Ebene 4 hinaufzusteigen, gehen wir durch eine nahe der Treppe gelegene Tür in der Korridorwand.

Der Raum, den wir nun betreten haben, gehört einem älteren Paar. Der Teppich ist grau gemustert, die Wände sind dunkelgrün. Die Tür befindet sich in der Mitte einer der längeren Wände, und links und rechts von ihr ist jeweils ein Fenster. Der Blick nach draußen ist bei diesen Räumen nur quer über den Korridor durch dessen große Außenfenster möglich. Das Bett des Paares steht an der linken Wand.

Auf ihren Nachtschränkchen haben sie jeweils ein Foto und eine Vase mit frischen Blumen stehen. Ein Wandtelefon ist in Bettnähe angebracht. Zwischen Tür und rechtem Fenster tickt eine alte Standuhr.

Die Raumfenster zum Korridor können geöffnet oder geschlossen werden; eine dünne Gardine kann vor Blicken schützen, läßt aber noch Licht hindurch; und eine dicke Gardine sorgt für Dunkelheit.

An der langen Wand der Tür gegenüber stehen mehrere Schränke. In der rechten Ecke hat die Frau ihren alten weißen Schminktisch, und wenn sie sich zur rechten Wand dreht auch ihr Klavier. Daneben steht ein Sekretär-Schreibtisch mit einem hölzernen Arbeitssessel davor. Auf dem Sekretär siehst du mehrere Bücher, einen Laptop-Computer, ein Telefon und einen Ventilator. In die Wand über dem Schreibtisch ist ein großformatiger Monitor integriert.

Wir verlassen nun diesen Raum und gehen vorerst schnell durch den Zentralraum hindurch nach rechts, weil ich dir erstmal noch den zweiten Typ Privatraum auf Ebene 3 zeigen möchte. Durch die rechte Türöffnung des Zentralraums sind wir in einen zweiten Korridor gelangt. Seine rechte Wand weist keine Öffnungen auf, alle Türen und Fenster befinden sich links. Nehmen wir doch gleich mal die erste Tür.

In diesem Raum wohnen zwei Kinder. Er hat einen ähnlichen Grundriß wie der andere Raum, aber die der Tür gegenüberliegende Wand ist leicht schräg und hat zwei Fenster nach draußen. Weil ein Kind gerne weiter oben schläft, steht ein Etagenbett an der rechten Wand. Und gleich daneben ein bequemer Sessel, vor allem für die Erwachsenen zum Gute-Nacht-Geschichten vorlesen. Zwischen den Außenfenstern fungieren zwei große Kommoden als Raumteiler. Beide Kinder haben jeweils einen eigenen Zeichentisch und Stuhl. Eine riesige Schultafel nimmt die linke Wand ein.

Beim Verlassen des Raumes fallen dir am Türknauf farbige Markierungen auf. Jede Tür eines Privatraums verwendet die gleichen Farbcodes (sichtbar an ihrer Außenseite), die von allen Kommunenmitgliedern respektiert werden. Grün heißt „Komm einfach rein", Gelb steht für „Erst anklopfen und warten", Rot für „Bitte nicht stören" (bis auf echte Notfälle natürlich) und Schwarz (das nur von draußen eingestellt werden kann) heißt „Niemand da".

Nun zum Zentralraum. Wenn wir von der Seite der Kinder kommen, sehen wir, daß auch gegenüber ein Korridor abgeht.

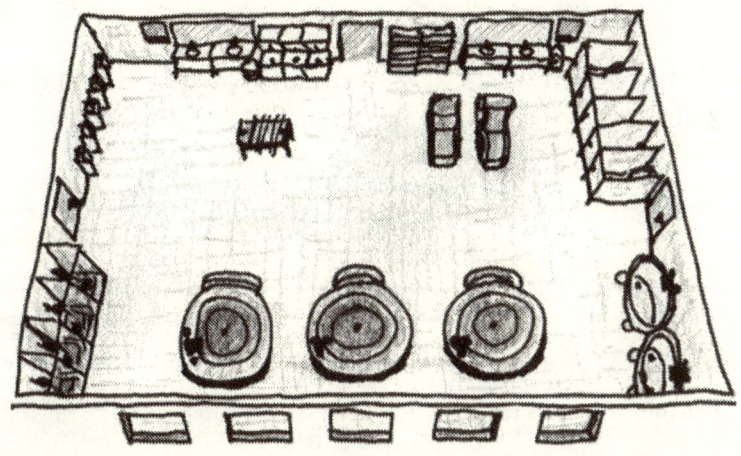

Die linke (und längere) Wand hat die Haupttür nach draußen, und die rechte Wand ist leicht schräg und hat Fenster. Nahe den Außenfenstern stehen drei große Whirlpool-Badewannen. An der rechten Wand (nun von der Haupttür aus gesehen) befinden sich zwischen Fensterwand und Korridorgang vier Duschkabinen, an der Wand gegenüber zwei normale Badewannen. Zwischen Haupttür-Wand und Korridorgang dagegen befinden sich an der rechten Wand fünf Pissoirs, und gegenüber fünf Toilettenabteile.

An der Haupttür-Wand befindet sich nahe den Ecken jeweils ein Doppelwaschbecken mit großem Spiegel. Der verbleibende Platz an dieser Wand wird eingenommen von Waschtrocknern und Kleiderregalen. Im Raum stehen außerdem ein Tischfußballspiel (zum Warten auf die Wäsche) und zwei Entspannungs-Liegen.

Es verwundert dich vielleicht, daß sich all dies so offen in einem einzigen großen Raum befindet, aber die Mitglieder dieser Moyzelle finden es so eben am besten. Andere legen den Zentralbereich (mit Toiletten und Waschgelegenheiten) vielleicht eher in Form mehrerer kleiner, voneinander abgetrennter Räume an.

Ebene 4 hat keine Zusatz-Korridore, und sieht daher der Ebene 2 ähnlicher als der Ebene 3.

Beispiel für die Aufteilung der Ebene 4

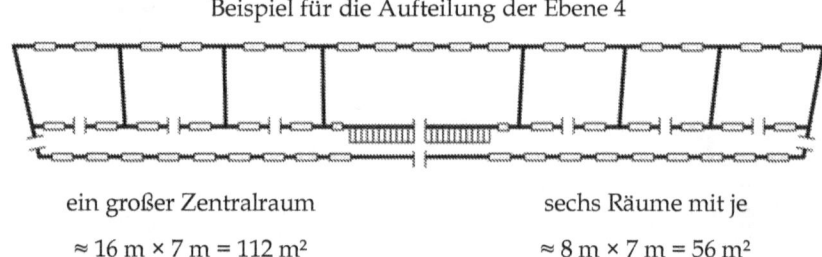

ein großer Zentralraum ≈ 16 m × 7 m = 112 m²

sechs Räume mit je ≈ 8 m × 7 m = 56 m²

Und zum Schluß erreichen wir Ebene 5.

Beispiel für die Aufteilung der Ebene 5

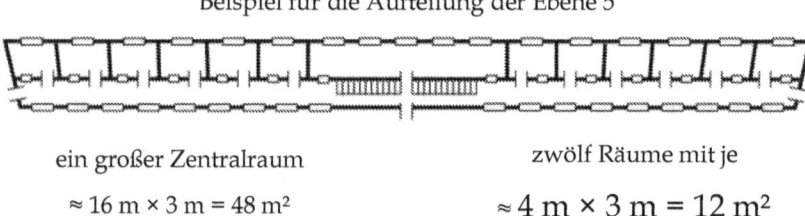

ein großer Zentralraum ≈ 16 m × 3 m = 48 m²

zwölf Räume mit je ≈ 4 m × 3 m = 12 m²

Angenommen in den zwölf kleinen (12 m²) Räumen auf Ebene 5 lebte nur eine Person, in den zwölf größeren (32 m²) auf Ebene 3 dagegen zwei, und in den sechs großen (56 m²) auf Ebene 4 sogar vier, dann könnten in einem Segment 60 Menschen wohnen. Alle 16 Segmente zusammen böten dann genug Raum für 960 Bewohner. Genug für die meisten Poyzellen, da sie ja aus durchschnittlich 625 Personen bestehen, und minimal sogar nur aus 375. Wenn eine Poyzelle recht groß ist (maximal 1250 Personen), dann könnten manche Leute beispielsweise in Ebene 2 noch Räume bekommen.

Übrigens, falls du mich später am Tag mal suchen solltest: meine Adresse in der Poyzelle lautet GS4R2: grün-schwarzes Segment (Eingangsschild), Ebene 4, von der Treppe aus nach rechts, 2. Tür. Der Raum des älteren Paares, den wir uns vorhin ansahen, hat die Lage GN3IR1 (Innenkorridor), und die Kinder leben in GN3AR1 (Außenkorridor). Der am weitesten links gelegene Raum in Ebene 5 des lila Segments hat die Adresse LL5L6 — ich bin mir sicher, du würdest ihn nun ohne weiteres finden.

C. Dritter Teil: Transformation

C.1. Ein wenig Theorie zur Transformation

Die Transformation eines Gesellschaftssystems ist jener Prozeß, der die Charakteristika des Systems von einem bestimmten Zustand in einen anderen überführt. Dies bedeutet, daß viele der Variablen, die ein Gesellschaftssystem definieren, während der Transformationsperiode verändert werden und anschließend recht stabil bleiben. Solche Variablen können beispielsweise einschließen: die Gewohnheiten, Gebräuche, Glaubensinhalte und Wertvorstellungen der Menschen (Primärvariablen), wie auch die Arbeit, die zwischenmenschlichen Beziehungen, die Verhaltensmuster (Sekundärvariablen) und schließlich die allgemeine Zufriedenheit, die Lebenserwartung sowie Lebensqualität (Tertiärvariablen).

Da die Primärvariablen die Sekundärvariablen (und diese wiederum die Tertiärvariablen) beeinflussen, spielen sie eine entscheidende Rolle bei Transformationen. Wenn man den einzelnen Menschen betrachtet, dann gibt es zwei Möglichkeiten, wie sich die Primärvariablen bei einer Transformation ändern können.

Eine Möglichkeit besteht darin, daß die Person zuerst von sich aus neue Werte, neue Denkweisen, neue Verhaltensweisen und so weiter annimmt, welche nicht mehr zu der Gesellschaft passen, in der sie lebt. Wenn viele Menschen dies tun, können sie — aktiv oder passiv — auf die Gesellschaft einen Druck ausüben, daß sie eine Transformation durchmacht, um schließlich deren eigenen Bedürfnissen und Ideen zu entsprechen. Dies werde ich als primäre Veränderung bezeichnen.

Solch eine Veränderung tritt für gewöhnlich zuerst bei Menschen auf, die eingehend über die Gesellschaft reflektieren, philosophisch denken, über ein größeres Wissen als die Durchschnittsperson verfügen und daher mehr Alternativen kennen, sowie ein höheres Maß an Intelligenz aufweisen und damit ganz neue Alternativen ableiten können. Anschließend werden sie eventuell versuchen, diese primäre Veränderung durch Kommunikation zu verbreiten (Gespräche mit Freunden, Reden halten, Bücher schreiben, ...).

Die sekundäre Veränderung läuft genau umgekehrt ab. Hier verändert sich zuerst das Gesellschaftssystem, und die Person nimmt neue Werte, neue Denkweisen, neue Verhaltensweisen und so weiter im Zuge einer Anpassungsreaktion während oder kurz nach dem Transformationsprozeß an.

Auch eine Mischform aus primärer und sekundärer Veränderung ist bei einem Menschen möglich. In den meisten Fällen wird es jedoch recht wenige Menschen geben, die eine primäre Veränderung vollziehen (die Avantgarde), und die große Mehrheit folgt mit einer sekundären Veränderung. Der Grund dafür ist, daß eine sekundäre Veränderung sehr viel leichter ist und kaum mehr Anstrengung verlangt als das alltägliche Leben, wo ja auch Anpassungen an (individuell) neue Situationen notwendig sind. Um jedoch (bezogen auf das Gesellschaftssystem) globale neue Situationen erschaffen zu können, sind sehr spezifische Fähigkeiten vonnöten. Und eine Mehrheit läßt sich eher selten mit dem Wort „spezifisch" beschreiben.

Es kann allerdings geschehen, wenn eine Transformation gewaltsam versucht wurde, daß die Mehrheit die sekundäre Veränderung nicht mitmacht, was dann den gleichen Effekt hat, als würden sie alle in Bezug auf das neue Gesellschaftssystem eine primäre Veränderung durchgemacht haben (einfacher ausgedrückt: sie wollen das neue System einfach nicht!) — es wird bald zu einer neuerlichen Transformation kommen, höchstwahrscheinlich durch eine Revolution.

Im folgenden werde ich nun vier klassische Transformationskonzepte kurz vorstellen — und kritisieren.

Klassische Transformationskonzepte:

Stürzen und Einsetzen — Wichtige Kontrollstrukturen des Gesellschaftssystems werden von einer Minderheit gewaltsam durch eigene ersetzt. Dies wird üblicherweise auch als Putsch bezeichnet. Nur sehr wenige Menschen müssen dazu eine primäre Veränderung vollziehen; in Machthierarchien reicht theoretisch eine einzige, die sich dann zum Diktator aufschwingt. Die Transformation kann minimal sein, aber falls nicht, dann meist hin zum Negativen für die Massen. In jedem Fall beinhaltet sie Gewalt und Zwang.

Volksrevolution — Die Mehrheit der Menschen rebelliert gegen das System, und in einer relativ kurzen Zeitspanne — oft gekennzeichnet durch Chaos und teilweise unkontrollierte Gewalt — wird das Gesellschaftssystem zu einem neuen Zustand hin transformiert. Nur in der Theorie ist es die Mehrheit der Menschen, in der Realität jedoch eine Minderheit, die von einigen wenigen avantgardistischen Intellektuellen ausgeht und sich sehr rasch in einer Mischung aus sekundärer und primärer Veränderung auf eine recht große Minderheit (dennoch nur eine Minderheit) der Gesamtbevölkerung ausbreitet. Die Gewalt, das Chaos (verbunden mit möglichen Engpässen an lebenswichtigen Gütern wie Nahrung und Medikamenten), die Unvorhersehbarkeit der Entwicklung und die hohe Geschwindigkeit dieser Art von Transformation sind gute Gründe, die gegen sie sprechen.

Infiltrieren — Eine Gruppe von Menschen, die eine primäre Veränderung durchgemacht haben, versucht über einen langen Zeitraum hinweg, Personen in wichtigen Kontrollstrukturen des Gesellschaftssystems zu ersetzen oder wenigstens zu beeinflussen, und damit einen Transformationsdruck auf die Gesellschaft aufzubauen, etwa durch die Medien, die Wirtschaft und die Politik. Dies funktioniert in der Realität jedoch nie auch nur annähernd so gut wie geplant. Der einzelne Mensch hat nicht die Macht, direkt auf das Gesellschaftssystem Einfluß zu nehmen; vielmehr ist es das System, das die Menschen in bestimmten Positionen formt. Der Grund ist, daß man über eine bestimmte Persönlichkeit verfügen muß, um an bestimmte Posten zu kommen, und nahezu jeder Versuch, sich in einen solchen Posten einzuschleichen und dann anders zu handeln, scheitert damit, daß sich die Person vollkommen verändert und an ihre neue Rolle anpaßt.

Graswurzeln — Hinter diesem Begriff verbirgt sich die Idee, man könnte die Massen langsam überzeugen, sie durch Informationsverbreitung und Diskussionen zur primären Veränderung bewegen. Auch dies funktioniert in der Realität praktisch nie, da die Massen schlicht und einfach nicht zu einer primären Veränderung in der Lage sind, was hauptsächlich daran liegt, daß sie mit ihrem Leben *innerhalb* der bestehenden Gesellschaft vollkommen ausgelastet sind. Sie haben einen Haushalt zu schmeißen, sie haben einen Beruf, eine Familie, und so weiter. Und die bestehende Kommunikation des Gesellschaftssystems (Plaudereien, Stammtischdiskussionen, Massenmedien) hat einen enormen quantitativen Einfluß auf sie. Graswurzel-Anhänger tendieren zudem dazu, sich vorzugsweise mit anderen Graswurzel-Anhängern auseinanderzusetzen, und dann führen sie ihre Diskussionen bald nur noch innerhalb ihrer eigenen Subkultur statt mit der Mehrheit der Bevölkerung. Sie drucken Bücher und veranstalten Treffen — aber alles bleibt in ihrem kleinen avantgardistischen Kreis, über Generationen hinweg, ohne Wirkung auf das Gesellschaftssystem als solches.

Es gibt keinen Grund, an dieser Stelle depressiv zu werden. Dies eben waren die klassischen Konzepte — aber es waren damit nicht *alle* Konzepte. Ich werde nun ein neues im Laufe der folgenden beiden Kapitel vorstellen. Die bei den vier klassischen Konzepten angewandte Reihenfolge werde ich dabei jedoch umdrehen. Ich werde zunächst analysieren, was schiefgehen und was einer Transformation im Wege stehen kann, und davon ausgehend das eigentliche Konzept als Schlußfolgerung ableiten.

C.2. Hindernisse – und der Umgang mit ihnen

Wenn es gar keine Hindernisse für Transformationen gäbe, wäre das Gesellschaftssystem äußerst instabil und würde alle Nase lang transformieren, sich also immer und immer wieder grundlegend verändern. Die vielfältigen Transformationshindernisse eines Gesellschaftssystems stabilisieren es, was an sich gut ist, wenn das System selbst gut ist, und hilft, Chaos oder gar eine Transformation zum Schlechteren hin zu vermeiden. Wenn aber eine gute Utopie gefunden wurde (eine Zielbeschreibung, wie das Gesellschaftssystem sein sollte, und wie damit die Hauptprobleme des aktuellen Systems gelöst werden können), dann ist eine Transformation nur möglich, wenn mit den Hindernissen richtig umgegangen wird. Hindernisse sind Transformationsprobleme, und um sie zu lösen, muß man sie zunächst kennen.

C.2.1. Von der Idee bis zur Umsetzung

Wenn eine Transformation erst einmal in vollem Gange ist, dann hat sie offensichtlich die meisten Hindernisse bereits überwunden und kann kaum noch aufgehalten werden. Daher sollte es klar sein, daß eine Transformation in ihren Anfangsstadien am verwundbarsten ist. Wir werden dies in folgende drei Schritte aufgeteilt analysieren:

Schritt 1:   Idee: jemand macht eine primäre Veränderung durch und entwickelt eine Utopie

Schritt 2:   Verbreitung: die Utopie wird verbreitet und anderen bekannt gemacht, wodurch die Anzahl derer, die eine primäre Veränderung durchmachen, exponentiell ansteigen kann

Schritt 3:   Umsetzung: manche derer, die eine primäre Veränderung durchgemacht haben, probieren nun einfach aus, die Utopie zu leben, oder starten andere direkte Transformationsversuche

Hindernisse können entweder passiv oder aktiv sein. Passive Hindernisse sind solche, die keine besonderen Handlungen von Menschen brauchen, sondern einfach Teil des Gesellschaftssystems sind. Man könnte sie also auch strukturelle Hindernisse nennen. Je mehr Feinde eine Utopie hat, und je mehr Macht diese in dem momentanen Gesellschaftssystem besitzen, desto wahrscheinlicher werden aktive Hindernisse. Dazu zählen alle Methoden, die aufgewendet werden, eine Transformation aktiv zu bekämpfen. Die drei Anfangsschritte einer Transformation sind durch jeweils andere Arten von Hindernissen gefährdet:

C.2.2. Hindernisse für die Idee

Die Hindernisse für diesen Schritt werden praktisch ausschließlich passiv sein. Was nicht bedeutet, daß sie ineffektiv sind. Tatsächlich kann die Struktur eines Gesellschaftssystems es äußerst unwahrscheinlich machen, daß jemals auch nur eine einzige Person aus zig Millionen an den Punkt der primären Veränderung gelangt und eine richtige Utopie entwickelt. Um dies zu erreichen, muß das Produkt aus drei Faktoren für so viele Menschen wie möglich so niedrig wie möglich gehalten werden. Diese Faktoren sind: Intelligenz, Problembewußtsein und Zeit zum Nachdenken. Man beachte, daß keine der passiven Hindernisse von irgend jemandem bewußt geplant worden sein müssen, es ist vielmehr wahrscheinlicher, daß sie jeweils einfach aus der politischen, wirtschaftlichen und kulturellen Geschichte des Gesellschaftssystems hervorgegangen sind

Die Intelligenz wird beispielsweise beschränkt durch:

- das Propagieren, daß bereits ein recht geringes Maß (gemessen an dem, was ein Mensch normalerweise erreichen kann) an Wissen und Intelligenz vollkommen ausreicht,

- das Abdressieren der natürlichen Neugier des Menschen mittels frustrierender Erziehungs- und Bildungsmethoden (wodurch die Menschen 'lernen', daß Lernen etwas scheußliches ist),

- ein negatives Klischeebild vom intelligenten Menschen (zB als vollkommen unattraktiv für das andere Geschlecht und deshalb einsam und todunglücklich, als Langweiler der keine Freunde hat außer solchen die hinter seinem Rücken über ihn lachen, als schwach und kränklich, als mehr oder weniger geistesgestört oder hoch gefährdet es zu werden: „Genie und Wahnsinn liegen dicht beieinander"),

- Andeutungen, daß eine hohes Maß an Wissen gefährlich sein könne, (Wie oft hört man etwa in Filmen oder Witzen „Er wußte zu viel." verglichen mit wie oft „Er wußte zu wenig."? ... Die Phrase „Er wußte zu viel." erscheint so oft, daß sie bei jedem im Kopf herumspukt, herausgelöst aus dem Kontext der Ursprungsgeschichten. Dagegen wird in modernen Geschichten kaum je betont, daß im wahren Leben die meisten Unhappy Ends ihre Ursache in zu wenig Wissen oder Intelligenz haben.)

- das Beschränken der Zeit zum Nachdenken (siehe unten), da diese Zeit benötigt wird zum Lernen (Wissenssteigerung) und zum Üben des Lösens mehr oder weniger abstrakter Probleme (Intelligenzsteigerung),

- das Präsentieren intelligenter Menschen aus der Geschichte als unerreichbare Quasi-Übermenschen, statt als Vorbilder denen jeder nacheifern sollte,

- Drogenkonsum (besonders Alkohol).

Das Problembewußtsein wird beispielsweise beschränkt durch:

- Nichtinformieren über viele Probleme, so möglich,

- das Propagieren einer resignierten Haltung („man kann da eh nichts machen, also vergeude nicht deine Zeit und verdirb dir die Stimmung mit Gedanken an die Probleme der Welt"),

- das Propagieren der Einstellung „andere werden sich schon kümmern" oder „nur die Experten können – und werden – die Probleme lösen" (dies auch in der Form „Schuster bleib bei deinen Leisten!"),

- das Verkomplizieren des Lebens wo immer es möglich ist, und der daraus resultierenden Flut kleiner Probleme, welche die Menschen beschäftigt halten (am effektivsten: Liebe und Sex; aber auch Sub- und Fankulturen besonders wenn sie ein Feindbild haben; finanzielle Abhängigkeiten, Bürokratie, und vieles mehr; siehe auch unten zur Reduzierung von Gesundheit und Lebenszeit),

- Drogenkonsum (egal ob allein zum absichtlichen „Probleme runterspülen", oder in der Gruppe).

Die Zeit zum Nachdenken wird beispielsweise beschränkt durch:

- all die kleinen Probleme, die aus der Verkomplizierung des Lebens hervorgehen (siehe oben),

- das Erzeugen von Abhängigkeiten, die es ermöglichen, die Mehrheit der Menschen zu zwingen, einen Großteil ihres Lebens von anderen bestimmen zu lassen (abhängige Arbeit, und zuvor die Schule), was sie idealerweise so stark belastet, daß sie den Rest ihrer Zeit nicht in der Lage sind oder wenigstens keinerlei Antrieb mehr haben, über gesellschaftliche Probleme nachzugrübeln,

- das Reduzieren der Gesundheit und Lebenszeit der Menschen (Propagieren eines riskanten Lebensstils, Unfälle nicht minimieren, Krankheiten nicht wirksam bekämpfen, ungesunde Lebensweisen und Ernährung propagieren, Gesundheitsverschleiß durch abhängige Arbeit, Selbstmorde nicht minimieren, Kriege führen oder nicht verhindern, ...),

- das Anbieten unzähliger süchtig machender und zeitraubender Ablenkungen (Fernsehen, Computerspiele, Romane, Filme, ...),

- das Bestehen auf „sozialen Pflichten" (etwa zu Feiern zu erscheinen, sich so oft man Zeit hat mit Freunden zu treffen, ...),
- Drogenkonsum (besonders bei Alkohol ist das klare Denken ausgeschaltet, solange das Rauschgift im Körper aktiv ist).

In einem Gesellschaftssystem kann es so viele passive Hindernisse geben, daß auch wenn jemand einige umschiffen sollte, die Bildung einer Utopie immer noch sehr unwahrscheinlich bleibt.

C.2.3. Hindernisse für die Verbreitung

Bei diesem Schritt spielen erstmals aktive Hindernisse eine Rolle. Die Verbreitung macht die Utopie der Gesellschaft gegenüber sichtbar, und damit auch denen, die aktive Hindernisse einsetzen mögen. Um das Verbreiten einer Utopie zu behindern, gibt es zwei grundsätzliche Wege, die man metaphorisch beschreiben könnte als „die Quellen verstummen lassen" und „die Empfänger taub machen".

Die Quellen verstummen lassen

- bedeutet den direkten Versuch, die Informationsausbreitung zu stoppen (stets aktive Hindernisse)
- bedient sich verschiedener Methoden der Zensur
- und kann sogar die Menschen direkt angreifen (von Einschüchterung über Haft bis hin zum Töten in extremen Fällen)

Die Empfänger taub machen

- stellt sich der Ausbreitung der Information nicht in den Weg, minimiert aber die Wahrscheinlichkeit, daß sie wahrgenommen oder gar angenommen wird
- passiv ähnlich wie die Hindernisse für die Idee (siehe oben), so daß sich im besten Falle niemand drum schert oder die Zeit hat, sich mit der Utopie zu beschäftigen
- passiv auch durch das Dogma, daß das bestehende Gesellschaftssystem bereits das bestmögliche (oder natürlichste) sei
- aktiv durch verschiedene Methoden „negativer Werbung", auf daß die Menschen so negative Gedanken und Gefühle wie möglich hegen sollen für den Urheber, die Utopie und ihre Anhänger

Eine radikale Methode, die sehr zuverlässig beides erledigt (verstummen lassen und taub machen), ist das Erzeugen massiver Probleme, welche die Menschen emotional wie intellektuell ablenken. Manche Historiker legen nahe, daß zumindest manche Kriege genau diesen Hintergrund hatten.

C.2.4. Hindernisse für die Umsetzung

Was Menschen tun und wie sie leben, kann kaum passiv behindert werden. Dieser Schritt unterliegt daher fast ausschließlich aktiven Hindernissen. Und obwohl es viele Gesetze geben kann, die ein anderes Leben willkürlich verbieten, ist die Anwendung solcher Gesetze doch immer eine aktive Handlung.

Jeder Versuch, eine Utopie zu leben, oder die Transformation des Gesellschaftssystems auf andere Weise anzustoßen, wird schnell sichtbar gerade auch für jene, die aktive Hindernisse bereitstellen können. Diese ähneln jenen für die Verbreitung, sind jedoch möglicherweise noch aggressiver, da ein funktionierendes Beispiel der Utopie das beste Argument für seine Verbreitung darstellt, und sogar die meisten bisher erwähnten Hindernisse schlagartig entschärfen kann. Es wäre die beste Werbung für die Utopie. Der Kerngedanke für die Umsetzungs-Hindernisse ist daher, daß jedes Beispiel scheitern muß — jedenfalls für den Betrachter. Um dies zu erreichen, kann massive Negativwerbung eingesetzt werden, die dann viele Feinde erzeugt und den Kooperationsgrad minimiert, den das Beispielprojekt mit seiner Umgebung erreichen kann (von der es ja noch — zumindest wirtschaftlich — abhängig ist). Es ist zudem möglich, daß die neuen Strukturen direkt bekämpft und zerstört werden (ganz besonders wenn sie gegen bestehende Gesetze verstoßen), und daß sich Feinde in die utopischen Gruppen einschleichen und diese von innen heraus psychologisch zersetzen durch das Schaffen von Konflikten, Frust und Streß — bis hin zum Zusammenbruch des Projekts.

Es sollte jedoch noch angemerkt werden, daß zur Vermeidung eines funktionierenden Beispiels viel weniger Hindernisse nötig sind, wenn die Utopie nicht gut genug ist — das Scheitern wird aufgrund des schlechten Konzepts (unrealistisch, unvollständig usw) praktisch ganz von selbst eintreten.

C.2.5. Unterstützer und Feinde

Feinde einer Utopie arbeiten gegen, Unterstützer arbeiten für die Transformation. Feinde können aktive Hindernisse zu den passiven hinzufügen, Unterstützer versuchen, beide zu neutralisieren.

Wenn man eine Utopie betrachtet, sind zwei Fragen wichtig: Warum könnte es Feinde geben, und wie sind Unterstützer zu gewinnen?

Eine Person, die von der Utopie erfährt, wird um so eher ein **Unterstützer** werden, je mehr sie zu der Überzeugung gelangt, daß die Utopie

- die meisten oder sogar alle ihrer eigenen persönlichen Probleme löst
- ganz allgemein viel besser ist als der momentane Zustand
- darum den Aufwand für eine Transformation wert ist
- keine neuen (oder gar weiteren) großen Probleme hervorbringt
- durch eine schnelle Transformation zu ihren eigenen Lebzeiten erreichbar ist

Es ist um so wahrscheinlicher, daß sie ein **Feind** wird, je mehr sie zu der Überzeugung gelangt, daß die Utopie

- ihr persönliche Probleme einbringen wird
- eine unsichere und unstabile Zukunft bedeutet
- durch eine gewaltsame Transformation versucht werden könnte
- Andere zu gefährlichen Feinden für sie machen kann (zB durch „Bestrafung" oder „Vergeltung")
- generell nicht besser ist als der momentane Zustand, oder sogar schlechter
- neue große Probleme erzeugen wird
- falls doch möglich und theoretisch gut, jedenfalls nicht erreichbar ist (und alle Transformationsversuche unnötige Probleme schaffen würden)

Auch wird es Menschen geben, die zu keiner Richtung tendieren, und Unterstützer wie Feinde können in allen Stärkegraden auftreten, von einer leichten Gemütsregung bis zum Fanatiker. Eine Person kann auch vom Unterstützer zum Feind werden und umgekehrt, wenn sie mehr erfährt oder nachdenkt.

Um die Anzahl der Feinde zu minimieren und jene der Unterstützer zu maximieren, muß eine Utopie *alle* Menschen berücksichtigen und nicht nur eine ausgewählte Gruppe — auch wenn diese Gruppe im bestehenden Gesellschaftssystem am meisten leiden mag. Jeder Versuch, einer bestimmten Gruppe zu helfen, der die anderen außer acht läßt, erzeugt mit hoher Wahrscheinlichkeit viele Feinde, da die vorgeschlagene Lösung nicht nur wenige oder keine Vorteile für die Übergangenen bietet, sondern leicht sogar mehr oder weniger starke Nachteile.

Mit einflußreichen und/oder vielen Gegnern aber ist eine erfolgreiche Transformation sehr unwahrscheinlich. Aus diesem Grund ist es wichtig, die Probleme, Ängste, Wünsche, Interessen, Träume und Einschränkungen aller zu berücksichtigen, gleichermaßen von

- arm und reich
- machtlos und mächtig
- schwach und stark
- unglücklich und glücklich
- intellektuell und einfach gestrickt
- rational und abergläubisch
- edelmütig und eigennützig
- krank und gesund.

Zuallererst müssen Utopie und Transformation frei von Gewalt angelegt sein. Und sie müssen von jedem Menschen leicht zu verstehen sein. Nur so können der Kopf und das Herz der Menschen erreicht werden. Zudem muß alle Information offen sein, ohne Geheimniskrämerei. Jeder sollte an der Lösung teilhaben können. Ansonsten kann der Zweifel an der Aufrichtigkeit und der Gewaltlosigkeit wieder neue Feinde erzeugen.

C.2.6. Der Faktor Zeit

Eine vollständige Transformation verläuft aus Sicht der Mehrheit der Bevölkerung in folgenden Schritten:

1. steigendes Problembewußtsein
2. utopische Beispielprojekte
3. Massenenthusiasmus
4. Umgestaltung
5. Anpassungen
6. Normalisierung

Der kritische Punkt ist der Übergang vom Massenenthusiasmus zur Umgestaltung, von der Heranbildung eines Willens zu den Handlungen, welche die physikalische Welt verändern. Dieser Prozeß sollte für eine insgesamt gute Transformation weder zu langsam noch zu schnell ablaufen.

Ist die Transformation **zu langsam**,

- kann es für die unter den alten Strukturen am meisten Leidenden schon zu spät sein, und manche überleben vielleicht nicht einmal bis zum Ende der Transformation
- können die Anstrengungen für die Umgestaltung sich zu den Problemen addieren, welche die Menschen schon mit den noch bestehenden alten Strukturen haben, und das Leben schwerer als vorher machen
- werden die Menschen bald enttäuscht, entmutigt und frustriert sein
- wird das System möglicherweise am Ende wieder in die alten Strukturen zurückfallen

Ist die Transformation **zu schnell**,

- kann solch ein komplexes Gebilde wie ein Gesellschaftssystem nicht mehr reibungslos folgen, und große Probleme können die Folge sein (Zur Veranschaulichung stelle man sich umgekehrt vor, eine Naturkatastrophe wie ein Erdbeben oder eine Überflutung würde nicht in Minuten bis Tagen ablaufen, sondern in Monaten bis Jahren. Man könnte dann wesentlich einfacher mit ihr umgehen, und ihre Auswirkungen wären ungleich geringer.)

- kann sie chaotisch und unkontrolliert werden, und ein Sturm verwirrender Informationen aus jeder Richtung kann die Möglichkeit der Umsetzung vernünftiger Konzepte stark einschränken

- können Engpässe auftreten (zB an Nahrung, Medikamenten, Wasser, Technologie, gesundheitsrelevanten Dienstleistungen, ...)

- werden sich viele Menschen hilflos fühlen und wie mit Gewalt in ein unberechenbares Abenteuer geworfen; sie könnten dann ihr Gleichgewicht verlieren, und entweder verängstigt oder aggressiv auf die Veränderungen reagieren

Veränderungen sind oft mit einem Gefühl der Unsicherheit verbunden. Darum sollte die Transformation mit Bedacht und Schritt für Schritt erfolgen, alle betroffenen Menschen aktiv mit einbeziehen, und ihnen Wahlmöglichkeiten offen lassen (auch zurückzugehen oder einen anderen Weg einzuschlagen). Jeder Schritt muß vor der Umsetzung erklärt und schmackhaft gemacht werden (siehe das Kapitel zum Thema Kooperation).

C.3. Auf geht's!

Bei all den Hindernissen, die einer Transformation im Weg stehen mögen, und so vielem, das schiefgehen kann, wäre es da nicht wunderbar, wenn es eine gewissermaßen einfache, leicht zu verstehende und leicht anzuwendende Lösung gäbe, die es ermöglicht, alles auf bestmögliche Art anzugehen?

Nun, erinnerst du dich noch an das Kapitel „Der utopische Wunschzettel"? Der letzte Punkt der Positivliste hieß: *Die Utopie soll ihre Transformation beinhalten*, und die Erklärung dazu lautete: *was bedeutet, daß die Gesellschaft auch dann funktionieren soll, wenn sie von schlechteren Gesellschaftssystemen umgeben ist, und sie soll in der Lage sein, sich auszubreiten durch eine Transformation dieser in die Utopie. Bei diesem Prozeß sollen die bestehenden Probleme der schlechteren Systeme so schnell und gut wie möglich gelöst werden.*

Also, könnten wir die utopischen Entwürfe aus dem Zweiten Teil hernehmen, und sie einfach als Transformationskonzept nutzen, ohne oder mit nur kleineren Anpassungen? Jawohl, wobei wir aber durchaus ein paar kleinere Anpassungen brauchen werden. Im Mittelpunkt des Ganzen wird das Eforams-Konzept stehen. Nehmen wir einmal an, du würdest wollen, daß die Utopie zur Realität wird. Hier sind ein paar Anleitungen bzw. Vorschläge für dich. Auf geht's!

C.3.1. Weitersagen / Verbessern / Ausprobieren

Wenn du alle Kapitel fertiggelesen hast, kannst du dreierlei tun. Dabei ist ganz dir überlassen, womit du beginnst; mach es einfach so, wie du es für am besten hältst.

Verbreite die Utopie, indem du über sie sprichst und diskutierst, indem du diesen Text hier weiterempfiehlst, oder indem du die Utopie einem Publikum vorstellst (zB in Form eines Vortrags, eines Films oder einer Radioserie). Dies muß natürlich an das Gesellschaftssystem angepaßt sein, in dem du lebst. Bringe dich auf keinen Fall in Gefahr; handle stets vernünftig! Wenn du etwa glaubst, daß eine öffentliche Diskussion zu gefährlich wäre, dann versuche lieber erst einmal vertrauenswürdigen guten Bekannten gegenüber eher 'harmlose' Teile der Utopie anzusprechen. Beachte die Grenzen, die dir durch das momentane Gesellschaftssystem gesetzt sind, aber versuche sie vorsichtig ganz sanft und Schritt für Schritt auszuweiten.

Verbessere die Utopie, indem du neue Konzepte oder Details hinzufügst, und hinterfrage die bisher vorgestellten noch einmal. Finde Argumente, um meine ersten Vorschläge entweder zurückzuweisen, zu modifizieren oder anzunehmen. Dies kannst du rein aus theoretischen Überlegungen heraus tun, oder aber auf Grundlage von in Beispielprojekten gewonnenen Erfahrungen.

Probiere die Utopie aus, indem du sie in Beispielprojekten umsetzt, soweit es möglich ist in dem Gesellschaftssystem, in dem du momentan lebst. Wie eingangs schon erwähnt, werden hierbei ein paar Anpassungen nötig sein. Diese werden weiter unten im Detail vorgestellt.

Die meisten Menschen werden wohl zuerst die Utopie weiterempfehlen, sie später ausprobieren und dann aufgrund der gewonnenen Erfahrungen weiter verbessern. Ein paar Leute (Experten, Wissenschaftler, utopische Theoretiker, ...) werden sie möglicherweise zuerst verbessern, dann ihre eigene Version publizieren, und schließlich in Beispielprojekten umsetzen. Andere, die neugierig und abenteuerlustig, aber zugleich auch skeptisch sind, probieren die Utopie vielleicht erst einmal aus, verbessern sie durch ihre Erfahrungen, und empfehlen sie erst im letzten Schritt weiter. Wofür du dich auch immer entscheidest, fang heute mit etwas an!

C.3.2. Das Transformationskonzept

Die Grundidee ist, so viel von den utopischen Konzepten in Beispielprojekten umzusetzen, wie in dem alten Gesellschaftssystem möglich. Wenn diese Projekte sich als erfolgreich erweisen, werden weitere Menschen von der Idee angezogen werden, und es wird mehr Toleranz für weitergehende Schritte geben. Die Projekte können dann wachsen, und die Transformation vollzieht sich Schritt für Schritt, ohne jegliche Art von Gewalt oder Zwang. Nur Menschen welche diese neue Art zu leben der alten vorziehen, werden sich für sie entscheiden; und jene, die sie ablehnen, sollen so leben wie sie es möchten. Nichts sollte mit Gewalt genommen werden, alles sollte rein durch die Macht der faktischen Überzeugung von allein zum transformierten Zustand hinfließen. Erweist sich das Neue nicht als faktisch besser, dann ist eine Transformation auch nicht sinnvoll. Dieses Transformationskonzept bedeutet auch, daß die Beispielprojekte mit dem alten Gesellschaftssystem kooperieren. So mancher mag das für Schwäche halten, tatsächlich aber ist es Stärke und Macht. Es ist der konstruktive Pfad von Vernunft und Gemeinnutz, und es ist die Methode mit den größten Aussichten auf langfristigen Erfolg.

Konkret stützt sich das Konzept auf eine **panokratische Struktur**, beginnend mit Moyzellen, die sich später zu Poyzellen zusammenschließen können (und so weiter aufwärts), kombiniert mit einer **Organisation nach Eforams**. Zusätzlich könnte es von Vorteil sein, auch **permakulturelle Gestaltung** und **polyamoröse Offenheit** als Richtlinien zu nehmen.

C.3.3. Ressourcen:
Menschen, Wissen, Land, Material

Um ein Beispielprojekt (eine Moyzelle) zu starten, mußt du zuvor bestimmte Ressourcen finden und zusammentragen — in dieser Reihenfolge: Menschen, Wissen, Land und Material.

1. Menschen: Finde mindestens 15 bis maximal 50 Menschen (Moyzell-Größenlimits, dich eingeschlossen), die gern in solch einem Beispielprojekt leben würden und es miteinander aushalten könnten. Ein Beispielprojekt ist verletzlicher als eine Moyzelle in einer komplett panokratischen Gesellschaft. Sieh es eher wie ein Expeditionsteam, denn als Ort für jede Art von Träumern! Je größer und erfahrener die Projekte werden, um so mehr können sie sich für jede Sorte Menschen öffnen; die Anfangsteams aber sollten hauptsächlich aus Individuen bestehen, die besonders engagiert, intelligent, vielseitig und umgänglich sind. Wenn es zu schwer scheint, genug Menschen zu finden, mußt du eventuell erst einmal die Utopie verbreiten — und Geduld haben (du hast sie schließlich auch nicht an einem einzigen Tag gelesen oder?). Aber mit den wenigen, die du schon zusammenbekommen hast, ja sogar ganz für dich allein, kannst du in der Zwischenzeit bereits mit dem nächsten Schritt beginnen.

2. Wissen: Eigne dir alles an, was wichtig sein könnte. Ganz besonders Eforam-spezifisches Wissen. Jawohl, du kannst dich bereits für ein oder mehrere Eforams entscheiden, und mit ihrem theoretischen Teil loslegen. Auch ist es generell von Nutzen, Bücher über Survival, Psychologie und Physiologie zu studieren.

3. Land: Finde einen Ort, wo ihr als Moyzelle gut zusammen leben und arbeiten könnt. Idealerweise ist es dort auch möglich, gleich eure eigene Nahrung anzubauen. Wenn nichts zu finden oder zu bekommen ist, versucht das zu nutzen was ihr bereits habt — oder zeigt Geduld und arbeitet gemeinsam auf das Ziel hin, eines Tages für euer Moyzell-Projekt ein geeignetes Stück Land zu bekommen. Vielleicht ist es auch möglich und sogar einfacher, irgendwo weit in der Ferne etwas aufzubauen.

4. Material: Trage zusammen, was ihr in der Moyzelle brauchen werdet: Möbel, Kleidung, Werkzeuge, Maschinen, Rohstoffe, Pflanzensamen und so weiter. Sehr wahrscheinlich besitzt ihr schon vieles, das von der ganzen Moyzelle genutzt werden kann. Den Rest zu bekommen, sollte normalerweise kein großes Problem darstellen. Vielleicht unterhält eure Gruppe bereits Ressourcen-Forams, dann könnten direkt die Verspons für diesen letzten Vorbereitungsschritt verantwortlich sein.

C.3.4. Schnittstellen-Eforam

Das Beispielprojekt wird von dem alten Gesellschaftssystem in vielerlei Hinsicht abhängig sein; und weil es sich an einem Ort befinden wird, der dem alten Gesellschaftssystem zugehörig ist, muß es einen gewissen Anteil der alten Regeln befolgen.

Der Schnittstellen-Foram hat die Aufgabe, die (abstrakt zu verstehende) Schnittstelle zwischen dem alten Gesellschaftssystem und dem Beispielprojekt zu regeln. Aus Sicht des Projekts gibt es die Innenwelt (alles was sich innerhalb seiner Grenzen befindet und abspielt, und für die Außenwelt jeweils sichtbar ist oder nicht), und die umgebende Außenwelt (das alte Gesellschaftssystem). Die meisten Menschen in dem

Projekt können nahezu frei in der Utopie leben, aber es muß auch jemand – eben die Schnittstellen-Verspons – mit der Außenwelt in Verbindung stehen. Das Projekt interagiert mit der Außenwelt sowohl wirtschaftlich als auch rechtlich und kulturell. Dies zwangsweise, da es sich direkt aus der Situation ergibt, in der das alte Gesellschaftssystem einerseits das neue Projekt noch als Teil seiner selbst betrachtet, und andererseits als Lieferant für viele Ressourcen und Dienstleistungen benötigt wird.

Die **rechtliche** Schnittstelle hat mit jenen Institutionen des alten Systems zu tun, die sich verantwortlich fühlen für die Regulierung der Art und Weise, wie Menschen leben. Der Schnittstellen-Foram wird das Projekt wann immer nötig dagegen diplomatisch verteidigen. Er muß zudem sicherstellen, daß die Mitglieder und Strukturen der Projekt-Kommune den Regeln des alten Systems insoweit folgen, als es nötig ist, um ernsthafte Konflikte zu vermeiden. Das Befolgen der Regeln betrifft natürlich nur das, was sichtbar ist. Dort, wo das alte System keinen Einblick hat, brauchen seine willkürlichen Regeln auch nicht befolgt werden. Auch ist es nur wichtig, ernsthafte Konflikte zu vermeiden – kleine Konflikte dagegen können sogar positiv genutzt werden, um die Freiheit in kleinen Schritten auszuweiten.

Die **kulturelle** Schnittstelle ist ähnlich, hat aber mit den gewöhnlichen Menschen zu tun, und nicht mit Machtinstitutionen. Wenn etwa die Nachbarschaft des Projekts ihm gegenüber nicht sonderlich freundlich eingestellt ist, sollten die Schnittstellen-Verspons ein starkes kulturelles Symbol der Region finden (etwa einen Tanz, eine Handwerkskunst oder eine Art zu Kochen) sowie Menschen aus dem Projekt, die sich dafür begeistern können. Wenn das Ganze auf einem offenen Festival präsentiert werden kann, sollte die Akzeptanz für das Projekt deutlich steigen. Eine andere Aufgabe der kulturellen Schnittstelle liegt darin, zu verhindern daß Kommunenmitglieder die Nachbarschaft kulturell provozieren und aufbringen. Wie bei der rechtlichen Schnittstelle auch hier nur, um *ernsthafte* Konflikte zu vermeiden.

Die **wirtschaftliche** Schnittstelle wird die aktivste sein. Die Kommune benötigt regelmäßig viele Arten von Ressourcen aus dem umgebenden System. Auch werden hin und wieder externe Dienstleistungen gebraucht. Aber: nur Nehmen geht natürlich nicht. Die Kommune wird auch viel geben müssen – sowohl Dienstleistungen als auch Güter. Dies kann auf sehr flexible Art geschehen, aber der Schnittstellen-Foram muß sicherstellen, daß das Geben qualitativ und quantitativ stets für das Nehmen ausreicht. Diese Abhängigkeiten werden sich mit jedem Wachstumsschritt des Projekts verringern, besonders wenn eine neue panokratische Ebene erreicht wird. Beispiele dafür, was eine Kommune geben könnte (je nach den Fähigkeiten und Interessen der Leute) sind etwa: Lehren/Kurse (Sprachen, Tanzen, Kampfkünste, ...), Betreuung von Kindern, eine öffentliche Mediathek, Nahrungsmittel (roh oder zubereitet), Handwerkliches, jegliche Art von Unterhaltung (Bücher veröffentlichen, Filme produzieren, Vorführungen und Auftritte, ...), Wellness, und so weiter. Seid kreativ und vielseitig! Der Schnittstellen-Foram kümmert sich um die Regeln des alten Systems, die mit dem Geben und Nehmen zu tun haben.

In kleinen Projekten wird der Schnittstellen-Foram sehr beschäftigt sein (zumindest der wirtschaftliche Teil), der Kooperations-Foram (siehe unten) dagegen deutlich weniger. Je höhere panokratische Ebenen erreicht werden, desto mehr wird sich dies Schritt für Schritt umkehren. Besonders am Anfang aber kann es sinnvoll sein, den Schnittstellen-Foram aufzuteilen in einen Foram für die rechtliche und kulturelle Schnittstelle einerseits, und einen Foram für die wirtschaftliche Schnittstelle andererseits. Sie werden jedoch immer eng zusammenarbeiten müssen.

C.3.5. Kooperations-Eforam

Die hier gemeinte Kooperation findet zwischen verschiedenen Beispielprojekten statt. Güter und Dienstleistungen können aus Sicht der Kommune drei verschiedene abstrakte Quellen bzw. Ziele haben. Zuerst ist dies die Kommune selbst (intern). Das zweite ist das alte Gesellschaftssystem. Und das dritte schließlich sind alle der Kommune ähnlichen anderen Beispielprojekte. Die Projekte sollten sich gegenseitig mit allen Arten von Ressourcen und Dienstleistungen unterstützen und helfen. Zum einen, um die Utopie so weit wie möglich zu leben, zum anderen, um die Abhängigkeiten von dem alten Gesellschaftssystem zu minimieren. Wachsende benachbarte Projekte können sich obendrein schon vorbereiten, eine übergeordnete Zelle der nächsten panokratischen Ebene zu bilden.

Schon sehr bald nach dem Start sollten die Projekte anstreben, schwächere Projekte mit Nahrung, Rohmaterialien und Wissen unterstützen zu können. Bei Ressourcen wie Medikamenten oder Hightech werden die Abhängigkeiten vom alten Gesellschaftssystem jedoch noch recht lange bestehen bleiben.

Der Kooperations-Forum ähnelt ein wenig dem Schnittstellen-Forum. Da er aber mit Institutionen und Menschen zu tun hat, die um einiges „kompatibler" sind, dürfte die Aufgabe seiner Verspons deutlich entspannter sein.

C.3.6. Eforam für Öffentlichkeitsarbeit

Der Foram für Öffentlichkeitsarbeit ist verantwortlich für positive Werbung für die Utopie, und für die Abwehr gegen sie gerichteter Negativwerbung.

Der Foram sollte Informationen über die Utopie, die Transformation und das Beispielprojekt veröffentlichen und verbreiten. Auch sollte mit Hilfe indirekter Vorgehensweisen so viel wie möglich gegen die passiven Hindernisse unternommen werden. Beispielsweise könnte es sinnvoll sein, vor dem Verbreiten der Utopie zunächst erst einmal ein allgemeines Interesse an Gesellschaftstheorien, oder überhaupt am Lernen von Neuem, zu verbreiten.

Die Verspons sollten das Projekt gegen Diffamierungs-Kampagnen in der Öffentlichkeit verteidigen. Ein Ziel des Forams für Öffentlichkeitsarbeit ist, daß die Beispiel-Transformationsprojekte als Fortschritt gesehen werden, als gut und wichtig — und nicht als schwach, bedrohlich oder überflüssig.

Ein einfaches Modell, das für die Positivwerbung genutzt werden kann, sind die AIVT-Schritte:

1. **A**ufmerksamkeit: man bemühe sich zunächst um die Aufmerksamkeit der Leute, die man erreichen will

2. **I**nteresse: man gebe ihnen Informationen, die bei ihnen Interesse für das Thema wecken können

3. **V**erlangen: die Informationen sollten bei den Menschen das Verlangen nach der Utopie wecken

4. **T**un: und den Willen, selbst etwas dafür zu tun; man vermittle auch gleich genügend Wissen, damit sie sofort loslegen können

Auf lokaler Ebene wird der Foram für Öffentlichkeitsarbeit mit dem kulturellen Schnittstellen-Foram zusammenarbeiten, und auf globaler Ebene mit dem Kooperations-Foram.

C.3.7. Expansions-Eforam

Eine schrittweise Transformation bedeutet, daß immer mehr physikalische Ressourcen (Menschen, Land, Material) aus dem alten System in die neuen Kommunen übergehen. Der Expansions-Foram ist nun genau dafür zuständig. Wenn neue Leute die Utopie leben wollen, dann können sie (und ihr Land sowie ihre Materialien) entweder die bestehende Kommune erweitern, oder eine ganz neue gründen. Der Expansions-Foram hilft ihnen bei beidem so gut wie nur möglich. Vor allem bedeutet es, sie mit Wissen auszustatten (etwa in Kursen und durch zeitweise Aufnahme in die Kommune als Gäste), eine Gründungsgruppe zusammenzustellen, ihnen beim Aufbau der neuen Kommune zu helfen und sie mit zusätzlichen Ressourcen zu versorgen. Der Expansions-Foram wird sich dann langsam zurückziehen, und der Kooperations-Foram wird übernehmen.

Eine gut laufende Kommune sollte die Menschen draußen wirklich denken lassen: *„Die leben ja viel besser als wir!"* Aber statt daß dies der Beginn negativer Emotionen wie Neid ist, sollte der Expansions-Foram den Leuten sagen und zeigen, daß sie alle nur machbare Hilfe erwarten können, um den gleichen Lebensstandard zu erreichen. Er wird nicht gegen andere verteidigt, sondern offen mit ihnen geteilt, ihnen möglich gemacht.

C.3.8. Transformation (fast) ohne Hindernisse

Rein theoretisch könnte eine Transformation fast ohne Hindernisse ablaufen (in einem begrenzten Gebiet). Dies wäre zwar ein äußerst seltener Fall, aber nicht gänzlich unmöglich. Wenn etwa ein Gesellschaftssystem eine hierarchische Machtstruktur hat, ganz oben aber Personen besonders edlen Charakters stehen (und eben dies ist sehr unwahrscheinlich und damit entsprechend selten), dann könnten diese eine primäre Veränderung durchmachen oder von der Utopie inspiriert werden, und dann ihre Macht einsetzen, um das System zu transformieren: durch Informationsverbreitung direkt von oben. Die existierenden Strukturen könnten zudem dazu genutzt werden, den Menschen beim Aufbau von Kommunen zu helfen.

D. Anhang

D.1. Ein persönliches Nachwort

Als Kind haßte ich Veränderungen wie die Pest. Schon das Renovieren des Zimmers empfand ich als halben Weltuntergang. Und nun habe ausgerechnet ich ein Buch darüber geschrieben, wie man — umgangssprachlich ausgedrückt — die Welt verändern könnte. In diesem Nachwort werde ich beschreiben, warum und wie dieses Buch zustande kam, und auch ein paar Worte über meine Ängste, Hoffnungen und Zukunftspläne verlieren.

D.1.1. Vorgeschichte

Soweit ich mich zurückerinnern kann, lagen mir Gerechtigkeit und Vernunft schon immer sehr am Herzen. Ich hörte aufmerksam zu, was die Erwachsenen sagten, aber entschied mich sehr früh, nicht alles davon zu glauben, denn ihre Welt war mir doch zu unlogisch. Aufmerksam, aber skeptisch lernte ich mehr über die Welt, in die ich hineingeboren wurde. Schon als kleines Kind, und heute noch immer, höre ich viel zu oft Leute sagen, daß etwas nicht möglich sei. Vor allem dann, wenn es um das Lösen von Problemen geht. Und schon als Kind dachte ich in solchen Momenten bei mir, daß sie doch lieber sagen sollten, sie wissen persönlich im Moment gerade nicht, wie es zu tun wäre. Und daß es durchaus getan werden könnte, man muß nur den richtigen Weg dahin finden.

Beim Spielen zog ich es vor, zu konstruieren, und meiner Phantasie freien Lauf zu lassen. Vielleicht haben mich die üblichen destruktiven Jungenspiele meiner Freunde zu schnell gelangweilt. Für mich war das Thema Kampf jedenfalls nicht interessanter als Würfeln. Das Ergebnis hieß entweder „Du hast gewonnen" oder „Ich habe gewonnen" — na schön. Phantasie und Aufbauspiele hingegen boten unendlich viele mögliche Ergebnisse.

Mit 12 Jahren begann ich, Computer zu programmieren. Ich hatte noch viele andere Interessen und Hobbys, aber das Programmieren wurde zum wichtigsten. Für mich war es Handwerk, Kunst und Philosophie in einem. Ich lernte, verblüffende und komplexe Dinge nur mit Hilfe einiger weniger Grundelemente zu erzeugen. Aber das Programmieren bringt einem auch Grenzen bei, was nicht geht und warum. Es ist traurig, daß nur die wenigsten Programmierer, die ich kenne, die Philosophie des Programmierens, ihre Erfahrungen und Fähigkeiten, interdisziplinär auch außerhalb des Computers anwenden.

Nun gut, ehrlich gesagt hatte ich vor einigen Jahren selber noch ein sehr begrenztes Blickfeld. Meine Welt waren der Computer, elektronische Musik, Kryptologie, angewandte Mathematik, und das alte Japan. Ich dachte nicht viel darüber nach, was in der Welt geschah. Aber mein Blickfeld erweiterte sich langsam, als ich begann, mit der Software und Computerhardware unzufrieden zu sein, die ich zum Programmieren nutzte. Was folgt, ist eine recht ungewöhnliche Geschichte. Zuerst entwickelte ich Theorien dazu, wie man die Nutzbarkeit des Computers verbessern könnte. Aber an einem bestimmten Punkt sprangen meine Gedanken einfach über den Rand der Schachtel, in der sie sich bisher nur aufgehalten hatten.

Und ich erkannte, daß es zwar eine gute Idee ist, den Computer zu verbessern, jedoch etwas noch viel wichtigeres zuvor verbessert werden sollte: das ganze Gesellschaftssystem! Es gehört nicht zu meinen Angewohnheiten, ein neues Themengebiet mit der Frage zu beginnen, ob möglich oder nicht. In ein neues Themengebiet arbeite ich mich zuerst einmal ein. Aufmerksam und doch skeptisch las ich ein Buch nach dem anderen, und erschloß mir Schritt für Schritt neue Felder. Mein Ziel war es, alles wichtige zu lernen, um verstehen zu können, wie ein Gesellschaftssystem funktioniert, was seine natürlichen Rahmenbedingungen sind, warum sich die Gesellschaft dahin entwickelt hat, wo sie heute steht, und was bisher von allen anderen Theorien übersehen worden ist.

In dieser Zeit begann ich auch, mit anderen via Internet zu kommunizieren. Obwohl ich in der Schule viele Freunde hatte, war ich doch sehr schüchtern. In Internet-Foren und Chats lernte ich, meine Ansichten zu verteidigen, und mich an Diskussionen zu beteiligen. Natürlich las ich zuerst fast nur mit und schrieb nur zögerlich. Aber die unmenschlichen und gewalttätigen Äußerungen mancher Leute dort brachten mich irgendwann dermaßen auf, daß ich trotz meiner Schüchternheit damit begann, Streitdiskussionen zu führen. In einer solchen Internet-Community empfahl mir jemand dann eines Tages ein Buch mit dem Titel „Panokratie". Er wußte nicht viel darüber, hatte aber gehört, daß es eine Art wissenschaftlich erarbeitete Utopie sein soll, die eine Gruppe russischer Soziologieprofessoren entwickelt habe. Das klang sehr interessant und vielversprechend. Dennoch dauerte es Jahre, bis ich das Buch schließlich in die Hände bekam. Geschrieben wurde es nicht von russischen Wissenschaftlern, sondern von einem deutschen Punker (und Informatik-Diplomingenieur), und es ist ziemlich chaotisch, witzig und kontrovers.

Die Website, auf der das Panokratie-Buch kostenlos zum Download angeboten wird, verfügt auch über ein Forum, wo die Inhalte des Buches und ähnliche Themen diskutiert werden können. Das Buch zu lesen erfüllte mich mit Optimismus, und ich strahlte regelrecht in dieser Zeit. Andere Panokraten erst im Forum und später auch persönlich zu treffen, hatte eine ähnliche Wirkung. Im Forum wurde die Panokratie sehr kritisch analysiert, und manche von uns entwickelten die Idee, jeder selber ein utopisches Sachbuch zu schreiben. Ich weiß nicht, ob jemand von den anderen es wirklich getan hat; ich jedenfalls habe meins geschrieben, und ich hoffe, daß es den Lesern gefallen wird.

D.1.2. Making-of

Nachdem ich mich entschlossen hatte, ein Buch zu schreiben, dauerte es noch etwa vier Jahre, bis ich die ersten Zeilen dafür tippte. In diesen Jahren entwickelte ich die grundlegenden Konzepte sowohl für die Inhalte als auch für den Aufbau des Buches. Für beides las ich Unmengen an Büchern, machte mir mehrere hundert Notizen, stellte Berechnungen an, und malte viele Skizzen. Das Schreiben selbst dauerte dann etwas über zweieinhalb Jahre.

Ich orientierte mich an folgendem Konzept: das Buch sollte komplett sein (nichts Wichtiges sollte unerwähnt bleiben), dennoch knapp (präzise Beschreibungen, kein unwichtiges Gelaber) und einfach (zu lesen und zu verstehen, und zwar für jedermann).

Nachdem ich den Grundaufbau festgelegt hatte, schrieb ich das Buch kapitelweise nach folgendem Schema: Zuerst sammelte ich Notizen zu dem Kapitel, das ich schreiben würde. Dann machte ich eine mehrtägige Denkpause, nach der ich in der Lage war, die Notizen zu verfeinern und zu strukturieren. Meist begann ich mit nur vagen Ideen, und die ersten Details entwickelten sich während der Denkpause. Die letzten dann sogar erst direkt beim Schreiben. Ich schrieb jedes Kapitel zunächst auf Englisch, und übersetzte es dann in meine Muttersprache Deutsch. Dies machte nicht nur das Übersetzen einfacher, sondern zwang mich auch dazu, eher einfache Formulierungen zu verwenden. Wahrscheinlich finden sich in der englischen Version etliche Fehler, und ein Muttersprachler müßte sie eines Tages mal überarbeiten, aber ich wollte, daß das Buch gleich vom ersten Tag an Lesern von überall auf der Welt zugänglich ist.

Neben dem Schreiben habe ich auch ein paar illustrierende Bilder angefertigt. Nicht so viele, wie ursprünglich geplant, aber ich hoffe, doch genug, um die Leser zufriedenzustellen.

D.1.3. Diese allergrößte Last

Um Probleme lösen zu können, muß man sie zunächst erst einmal wahrnehmen. Was bedeutete, daß ich mich für alle Probleme der momentanen Welt zu öffnen hatte, damit ich erfahren konnte, was gelöst werden muß. Dies lud mir natürlich eine unvorstellbare Last auf. Besonders weil manche der Probleme auch Hindernisse auf meinem Weg waren, über mögliche Lösungen zu schreiben. Beispielsweise hätte ich das Buch theoretisch sehr viel schneller fertigstellen können, aber als Lohnsklave im Kapitalismus wurden die meisten meiner Tage dem Geldverdienen geopfert, was zugleich auch den Großteil meiner Energie abzapfte. Obendrein leide ich seit vielen Jahren an psychosomatischen Problemen (wahrscheinlich durch diverse traumatische Ereignisse ausgelöst), was die Tage, an denen ich schreiben konnte, noch weiter reduzierte. Mir vollends bewußt zu sein, in dem kapitalistischen Getriebe eine Art Tagesteilzeitgefangener zu sein, vergrößerte nur noch den ohnehin von ihm ausgehenden Streß, wieder auf Kosten meiner Gesundheit. In depressiven Phasen tendiere ich zum katastrophisierenden Denken. Etwa: Was, wenn ich aus irgendeinem Grund vor Fertigstellung des Buches sterbe? Vielleicht ist dieses Buch ja wirklich wichtig für die Zukunft der Welt, und falls dem so ist, hätte es unvorstellbar schlimme Folgen, wenn ich es nicht fertigstellen würde. Solcherlei Gedanken vergrößerten die Last weiter. Vor meinem inneren Auge sah ich alle Arten des Leidens, von Menschen wie Tieren, die ich tagtäglich als real wußte. Ich fühlte mich verantwortlich, mein Bestmöglichstes dagegen zu tun.

Verhungernde Kinder, Kriege, Umweltverschmutzung und -zerstörung, der Verbrauch von Tieren als Material, die zahllosen Probleme der Menschen selbst in den bestgestellten Regionen des Globus — dagegen könnten Menschen über Generationen hinweg protestieren, Reformen fordern und zufällig herausgepickten Leidenden direkt helfen, aber alles in allem würde sich nichts wirklich ändern. Nur eine gesellschaftliche Transformation kann alle diese Probleme lösen. Die Menschheit hat bewiesen, daß sie in beachtlichem Maße zu wissenschaftlichem und technologischem Fortschritt in der Lage ist. Nun ist es Zeit für einen ebensolchen sozialen Fortschritt, weltweit! Es gibt keine Alternative dazu, mit Ausnahme des Verfalls.

Eine Utopie zu schreiben, ist ein politischer Akt. Und wie ich in dem Kapitel über die Hindernisse geschrieben habe, kann dies ein wenig gefährlich sein aufgrund aktiver Behinderer. Ich bin absolut kein Mensch, der Risiken mag, und ich wünsche mir ein langes Leben. Auch hoffe ich, daß mich nie irgendein Idiot welcher Sorte auch immer je angreifen wird. Warum also habe ich nicht unter Pseudonym geschrieben?

Zum Einen, weil heutzutage durch das Internet der echte Name hinter einem Pseudonym sehr bald bekannt wird, wie ich bei diversen anderen Autoren beobachten konnte. Zum Anderen, weil ich kein Flair von Geheimniskrämerei wollte, sondern Offenheit und Ehrlichkeit.

Die von mir entwickelte Utopie ist so pazifistisch und konstruktiv wie möglich, und sollte aus diesem Grund ebenso wenig Aggressivität wie möglich in jenen hervorrufen, die ihr ablehnend gegenüberstehen. Ein anderer wichtiger Punkt ist der, daß ich nach dem Schreiben dieses Buches keine Rolle mehr dabei spielen werde, wie mit den darin dargestellten Informationen umgegangen wird. Es wird keine Hierarchie geben mit mir oder jemand anders an der Spitze, der die Leute anführt. Eine gewalttätige Revolution kann verhindert werden, indem man „den Kopf abschlägt", also jene angreift, die sie anführen wollen. Auf eine freie, dezentralisierte und kooperative Transformation wie ich sie vorgeschlagen habe, ist dies schlicht und einfach nicht übertragbar.

Wenn ich jemanden in Not sehe, dann helfe ich. Wenn ich eine mögliche Gefahrenquelle sehe (beispielsweise einen losen Stein auf einem Pfad, durch den jemand stürzen könnte), dann neutralisiere ich sie (lege also etwa den Stein beiseite). Ich grüble nicht darüber nach, ob andere es tun würden, oder ob sie es besser tun könnten. Denn diese Einstellung führt letzten Endes nur dazu, daß am Ende niemand etwas tun. Wie Terry Pratchett es ausdrückte: „Auch wenn du nicht schuld bist: du bist verantwortlich." Ich habe es als meine Pflicht betrachtet, dieses Buch zu entwickeln und für die erste Verbreitung zu sorgen. Nun ist diese allergrößte Last von meinen Schultern genommen, und ich bin frei für eine Zukunft.

D.1.4. Entschuldigungen

Das Buch habe ich ohne Hilfe von Anderen geschrieben. Daher kann ich auch niemandem so recht in Bezug auf das Buch danken. Statt dessen möchte ich mich bei ein paar Leuten entschuldigen.

Ich möchte mich bei meinem Großvater Karl Pötzsch entschuldigen. Dafür, so lange gebraucht zu haben. Er starb vor einem Jahr. Ich weiß, er hätte dieses Buch liebend gern gelesen, und ich hätte es liebend gern mit ihm diskutiert. Entschuldigen möchte ich mich auch dafür, daß ich seine Bücher noch nicht gelesen habe. Ich hatte immer gedacht und gehofft, daß er länger leben würde, und ich noch Zeit hätte, seine (größtenteils autobiographischen) Bücher zu lesen und mit ihm zu diskutieren.

Ich möchte mich bei meinen ehemaligen Freundinnen entschuldigen. Ich habe sehr viel Zeit am Computer mit dem Schreiben zugebracht.

Ich möchte mich bei meinen Freunden entschuldigen. Manchmal schlug ich eine Einladung aus, weil ich mich verpflichtet fühlte, lieber weiter am Buch zu arbeiten.

Ich möchte mich bei mir selbst entschuldigen. Dem normalen Streß und Arbeitsaufwand meiner Rolle in dem kapitalistischen System habe ich den Streß und Arbeitsaufwand des Buchschreibens hinzugefügt, was eine recht ungesunde Lebensweise zur Folge hatte. Und ich habe mich selbst in vielerlei Hinsicht eingeschränkt.

D.1.5. Was ich nun tun werde

Zuallererst einmal werde ich natürlich tief durchatmen. Mich ausruhen. Und dann werde ich versuchen, das Leben besser zu genießen.

Ich werde weiter neue Sachen lernen. Es gibt da zum Beispiel ein paar natürliche und ein paar konstruierte Sprachen, die ich gerne lernen würde. Auch möchte ich eines Tages meine eigene Mode schneidern. Und aktuell warten über 90 Sachbücher in meinem Regal darauf, endlich gelesen zu werden.

Ich habe ein paar Ideen für weitere Bücher, sowohl Unterhaltungsliteratur (Sci-Fi, Horror, und utopisch) als auch Sachliteratur (über Philosophie). Auch werde ich meine privaten Forschungen auf den Gebieten Linguistik, Software-Ergonomie und künstliche Intelligenz fortsetzen.

Natürlich träume ich davon, eines Tages in einem Kommune-Projekt gemäß des Konstruktiven Utopismus zu leben. Und Kinder zu haben, ehe ich mich zu alt dafür fühle.

Nun, das war's. Schließen möchte ich mit einem Zitat von Mahatma Gandhi:

„Sei die Veränderung, die du sehen willst!"

www.ingramcontent.com/pod-product-compliance
Lightning Source LLC
Chambersburg PA
CBHW020635220526
45464CB00001B/157